温 185 果实 1

温 185 果实 2

新新 2 号果实 1

新新 2 号果实 2

新丰果实 1

新丰果实 2

扎 343 果实 1

扎 343 果实 2

温 179 果实 1

温 179 果实 2

安装滴灌

多功能作业平台

核桃-小麦间作

核桃-红薯间作

黑斑病

核桃春尺蠖虫害

介壳虫

黄刺蛾

核桃自然晾晒

青皮核桃脱皮机 1

青皮核桃脱皮机 2

滚轮式核桃清洗机

割草机

弥雾机

乡村振兴实用技术培训教材

核桃省力化栽培
及机械化采收加工技术

张金枝　张振军　主编

中国农业大学出版社
·北京·

内 容 简 介

本书结合基层核桃生产管理经验，通过浅显易懂、图文并茂的形式，展示了近年来在核桃省力化栽培中总结、推广的一套实用技术，从新疆核桃产业现状、核桃的标准化建园、新疆核桃的优质高效栽培、核桃采摘加工机械装备与应用等方面展开阐述。本书在编写思路上，始终贯穿技术先进性原则、生产过程导向原则，与市场标准紧密衔接，为推进核桃产业建设、提升栽培效益、服务广大栽植户提供了参考借鉴。

图书在版编目(CIP)数据

核桃省力化栽培及机械化采收加工技术/张金枝，张振军主编. -- 北京：中国农业大学出版社，2023.8

ISBN 978-7-5655-3041-8

Ⅰ.①核… Ⅱ.①张… ②张… Ⅲ.①核桃-果树园艺 ②核桃-加工 Ⅳ.①S664.1

中国国家版本馆 CIP 数据核字(2023)第 150103 号

书　名 核桃省力化栽培及机械化采收加工技术
作　者 张金枝　张振军　主编

策划编辑 许晓婧　张　玉　　**责任编辑** 许晓婧
封面设计 李尘工作室
出版发行 中国农业大学出版社
社　址 北京市海淀区圆明园西路 2 号　　**邮政编码** 100193
电　话 发行部 010-62733489,1190　　读者服务部 010-62732336
编辑部 010-62732617,2618　　出 版 部 010-62733440
网　址 http://www.caupress.cn　　**E-mail** cbsszs@cau.edu.cn
经　销 新华书店
印　刷 涿州市星河印刷有限公司
版　次 2023 年 8 月第 1 版　2023 年 8 月第 1 次印刷
规　格 170 mm×240 mm　16 开本　10.75 印张　130 千字　彩插 2
定　价 32.00 元

编 写 人 员

主　编　张金枝（新疆农业职业技术学院）
　　　　　张振军（阿克苏地区林业技术推广服务中心）

副主编　刘　红（阿克苏地区林业技术推广服务中心）

编　委　马　凯（新疆农业科学院园艺作物研究所）
　　　　　韩立群（新疆农业科学院园艺作物研究所）
　　　　　宁万军（新疆林业科学院）
　　　　　蒋　琴（阿克苏地区林业技术推广服务中心）
　　　　　乔亚玲（阿克苏市林业技术推广站）
　　　　　张　磊（阿克苏地区林业技术推广服务中心）

前　言

党的二十大报告指出:“全面推进乡村振兴”“发展乡村特色产业,拓宽农民增收致富渠道”。新疆自然条件独特,核桃栽培历史悠久,是我国最早种植核桃的地区之一。目前核桃已成为新疆主要的名特优林果树种之一,新疆也成了全国较大的核桃产区之一。新疆拥有独特的水土光热资源优势、机械化生产加工技术、优质的种质资源及优良的品种,新疆核桃产品及其加工制品享有盛誉,备受消费者喜爱。新疆核桃产业已成为农民增收、乡村振兴的支柱产业。

新疆核桃生产虽然起步早,是核桃的主要产区,但也存在不少问题,如核桃生产过程中投入不足,品种混杂,核桃生产种植技术落后,核桃标准化生产水平低,密植和果农间作模式不能适应机械化生产和肥水管理需要,产业加工能力不足,青皮核桃加工不及时,造成核桃霉烂变色、影响品质等。要实现新疆核桃产业的稳定发展,就要加大推广应用先进的种植技术,加大机械化的应用,降低劳动力用量,提高果品质量,增加农民收入。为充分发挥林果业在巩固拓展脱贫攻坚成果,有效衔接全面推进乡村振兴中繁荣农村、富裕农民的重要作用，必须努力提高核桃生产技术水平，培养更多的有文化、懂技术、会经营的新型职业农民，以实现新疆核桃产业的高质量发展。本书紧密结合生产实际，以阐明实用技术为主，从认识新疆核桃、核桃的标准化建园、新疆核桃的优质高效栽培技术、核桃采摘加工机械装备与应用等各个环节，详尽系统地介绍了核桃相关的栽培和加工技术，具有较强的应用价值。

随着新疆核桃产业水平的不断升级，生产技术的不断更新、优化，加之本书编写时间短，作者水平所限，书中如有不当之处恳请广大果农、同仁和专家批评指正，以便今后修改完善。

编　者

2023 年 1 月

目　录

第一章

认识新疆核桃

第一节　了解新疆核桃产业

一、新疆核桃产业概况

核桃是世界四大干果之一，也是我国重要的经济树种。世界核桃种植主要分布在中国、美国、伊朗、土耳其、乌克兰、智利等国家和地区，其中中国为全球最大的核桃生产国，截至2020年我国核桃产量479.59万t，占世界总产量的56%。新疆核桃种植面积达到602.78万亩（1亩约666.67 cm^2），产量达111万t，仅次于云南省，居全国第二位。新疆已经成为我国核桃的重要产区和产业化基地。核桃是南疆多个区域和县市的特色主导产业，其中阿克苏、喀什、和田三个地区的核桃种植总面积占全区总面积的94.9%，占总产量的98.6%。目前全疆有49个县市栽培核桃，其中温宿、库车、沙雅、新和、乌什、阿瓦提、泽普、叶城、莎车、巴楚、麦盖提、和田、墨玉、洛浦、策勒、于田等18个县市面积超过10万亩。核桃产业发展较早的温宿县、叶城县等区域，核桃收入已占农民纯收入的40%以上。核桃已成为当地的支柱产业，在农业种植结构调整、增加农民收入等方面起到了关键性作用。

新疆各地区核桃种植面积及产量见表1-1。

表1-1　新疆各地区核桃种植面积及产量（2021年新疆统计年鉴）

地区	种植面积/hm^2	产量/t
乌鲁木齐市	0	0
克拉玛依市	0	0
吐鲁番市	852	998
哈密市	44	34
昌吉回族自治州	0	0
伊犁哈萨克自治州	4 756	5 745
塔城地区	0	0
阿勒泰地区	0	0
博尔塔拉蒙古自治州	0	0
巴音郭楞蒙古自治州	6 152	1 489
阿克苏地区	160 918	490 837
克孜勒苏柯尔克孜自治州	8 529	6 755
喀什地区	104 948	293 172
和田地区	115 656	299 245
生产建设兵团	12 382.27	51 994
合计	414 237.27	1 150 269

目前，核桃产业整体处于供大于求的局面，市场价格总体下跌，但优质优价特征依然存在。如南疆阿克苏产区主要品种温185、新新2号近年收购季节价格在12～18元/kg，喀什、和田以新丰、扎343等品种为主，部分核桃园品种依然混杂，收购季节价格在8～13元/kg。新疆核桃产业发展规模较大，但整体产后加工能力依然不强。产后加工贮藏以合作社、卫星工厂等小型实体为主，缺少龙头企业和行业领军企业，多数企业的加工产品主要以脱青皮、清洗烘干、分级包装后带壳销售为主，开展精深加工及专用化产品开

发加工的企业较少。截至目前，果业集团已在南疆核桃主产区建立了多个仓储加工交易中心，构建了产地、加工、交易、仓储、物流、销售等全产业链发展平台，为核桃产业的持续健康发展奠定了基础。

二、新疆核桃栽培现状

首先，新疆核桃栽培管理整体较为粗放，标准化、集约化、规模化程度低。实用技术推广应用不能适应产业规模的快速扩张，仍存在“重栽培、轻管理”“重产量、轻品质”的现象，注重核桃生产规模扩张，轻视树体管理，导致产量不稳定、品质下降、效益下滑。其次，以家庭为单位的小规模生产模式给标准化、集约化栽培管理方式和技术推广造成一定难度，产量品质得不到保证，影响产品加工、市场流通、产品口碑以及品牌打造。随着近年自治区林果业提质增效工程的实施和推进，核桃栽培管理中的问题逐步得到缓解，但仍需加强优质高效栽培技术研发与推广力度。

当前，南疆核桃主产区种植模式主要以建园和间作两种形式存在。阿克苏地区核桃栽培株行距以 5 m×6 m 为主，部分果园 6 m×8 m。树龄较小的核桃园仍有部分间作小麦、油菜等作物。盛果期核桃园在产量效益稳定的条件下已逐步退出间作。在喀什、和田栽培区域，核桃栽培株距一般在 4～6 m，行距 6～10 m，树龄 10 年以上果园比例较大。由于是传统栽培区，同时受耕地面积的限制，间作果园仍占一定比例。生产中主要推广应用了实生树及杂劣品种的嫁接改良、配方专用肥施用、有机肥腐熟与施用、整形修剪、无人机飞防、病虫害统防统治、花果管理、适时采收等技术。阿克苏、喀什、和田三大产区依据栽培模式与品种不同，技术方面也各有侧重。阿克苏产区品种以温 185、新新 2 号为主。生产中温宿、阿克苏市周边产区主要侧重黄腐酸类型肥料以及多种液体冲施肥料在果实发育阶段使用，整形修剪仍以人工疏剪树冠中上部旺长且密度较大的直立枝条为主，多采用结果枝（组）更新修剪的方法控制结果部位外移和老化。据实地调查，每亩核桃园全年生产投入在800～1 550元。喀什、和田产区以新丰、扎343等品种为主，一些主产县市已利用温185、新新2号等品种嫁接改造杂劣品种。整形修剪方面仍以落头开心、降低高度为主，机械修剪主要在落头降高方面发挥了效率高的优势，但仍需要人工补充修剪进行树形结构培养和骨干枝选留。喀什、和田产区在有害生物测报、统防统治等方面跟进较快。施肥仍以落实秋季有机肥培肥地力为主，部分区域仍需重视果实发育期的追肥。喀什、和田产区每亩核桃园全年生产投入在500～1 000元，生产投入不足和关键环节技术到位率低是不同产区产量差异较大的原因之一。整体来看，三大产区核桃园栽培管理环节的技术已逐步向机械化、轻简化方向发展。

密植园改造是近年来核桃栽培中一项重要工作。目前在南疆阿克苏、喀什、和田等地仍有一定比例的密植园。阿克苏地区改造时间最早，密植园比例较低。喀什、和田地区在近几年不断加大密植园改造力度，部分3 m×4 m、3 m×5 m效益低下、面积大的密植园已完成改造，产量品质有所回升，面积小、点片分布的密植园仍在改造当中。密植园改造已经结合林果业提质增效工程统筹推进，并取得阶段性成果。

三、新疆核桃产业存在的问题与对策

（一）存在的问题

1. 良种化程度低，品种对产业的支撑后劲不足

目前南疆许多核桃园依然品种混杂、良种率低，实生树仍有一

定比例。农户销售不经分选，通货销售，影响了核桃的售价。现有栽培品种也存在壳太薄、缝合线不紧密等问题，成熟期遇阴雨天气或采收、清洗、晾晒等环节操作不注意就会出现核桃种仁干瘪、霉烂变质情况。品种对产业的支撑力度不够，在缝合线严密、核仁色泽浅、取仁容易、带壳销售、加工油用等方向的核桃品种选育工作亟须加强。

2. 栽培管理粗放，低产低效园仍占一定比例

当前新疆核桃种植面积已经超过600万亩，但栽培管理技术研究、示范推广、实用技术普及力度依然不能适应面积的迅速扩张，整体栽培管理水平较为粗放，低产低效果园仍占有一定比例，部分低产园产量多年维持在100～140 kg/亩。部分核桃园本身栽培密度较大，加之长期放任生长，管理不到位，造成树冠郁闭、通风透光差，自然会影响产量和品质。整形修剪、施肥、灌水、病虫害防控等基本栽培措施落实时效性差、到位率较低也是部分产区产量和品质较低的原因之一。

3. 水肥投入难以满足核桃的正常生长发育

南疆不同主产区水肥投入不平衡，影响核桃生产发育与产量品质形成。实地调查表明，大部分核桃园土壤有机质含量低，有机肥投入不足，部分区域化肥施用过量，施肥与果树养分需求不匹配，养分供给在时间上不同步、空间上不协调。施肥种类单一、水肥利用率低，导致单产低、生产成本高、经济效益差、污染土壤。上述问题造成养分失衡、树势强弱不均、根系上返、产量不稳、病害严重，最终导致核桃空壳率上升、品质和商品率下降等。

4. 精深加工综合利用能力弱，产业链短

新疆核桃产量快速增长，大量收获后亟须加工处理，加工产能远落后于产量增长。采收时间、脱青皮、清洗、晾晒等环节操作随

意、标准化程度低都会造成种仁霉变、颜色加深而影响商品率。目前，大部分企业与合作社均以初级加工为主，带壳核桃和核桃仁占到核桃产品的90%以上，产业链向下游延伸难度大，难以跳出当前核桃产品单一、价格竞争激烈、核桃收益较低的发展模式。初级产品品质和商品率不高，深加工产品开发能力不足，产品类型少，核桃相关副产品开发利用不够，产业链延伸不够，导致核桃加工生产利润空间收窄，产业竞争力降低。

（二）发展趋势

虽然近年来新疆核桃的种植面积与产量不断增长，但是栽培管理仍然存在诸多问题，应该在品种的良种化、栽培的省力化、施肥的配方化、病虫害的绿色高效防控等方面做好工作。

1. 品种的良种化

核桃品质优劣在很大程度上与核桃的种质资源显著相关，选择优质的核桃品种至关重要。新疆每个核桃的主栽区可以主栽1～2个品种，其中主栽品种不仅要考虑丰产，也要注重适应性及地区之间的差异性，避免同质化。核桃栽植尽量保证一园一品，即种植一种主栽品种。

新疆目前栽种的核桃以干果食用品种为主，还应引进和选育适合新疆环境条件的加工、鲜食、果材兼用型的专用核桃品种，实现核桃生产的多样化。

2. 栽培的省力化

早期，我国果树传统栽培以精细化管理为主，随着果树栽培面积的扩大，管理用工严重短缺，人工费不断上涨，果树栽培管理的简单省力化已迫在眉睫。在核桃上主要采用机艺融合修剪、自控施肥灌溉、行间生草、病害智能防控等高效省力栽培技术。

3. 施肥的配方化

肥料是关系到核桃的健康生长及品质保证的重要环节。目前，在新疆核桃主栽区常因不科学的施肥管理，导致品质与产量受到较大影响。不同树龄及发育期核桃的需肥规律不同，并且不同地区的土壤特性也有差异，需要根据核桃生长发育时期及土壤养分含量等做好精准配方施肥，以确保树体能获取适宜及充足的养分。

4. 病虫害的绿色高效防控

病虫害的频发严重制约新疆核桃产业的发展。新疆核桃的病虫害主要有腐烂病、黄刺蛾、春尺蠖等。近几年，食心虫、棉铃虫、叶缘焦枯病等新生病虫害也频繁出现。针对核桃病虫害的威胁，应该实施“预防为主、综合防治”的防护方针，综合应用智能化虫情测报系统、生物防治、低毒高效和低残留的化学防治等，构建核桃病虫害绿色防控技术体系。

（三）对策建议

近年来，新疆核桃在优质丰产集约化栽培、果园机械化生产、精准化水肥管理、标准化生产等方面的研究和技术储备方面积累了较多经验和成果。但目前依然存在农户小规模分散种植为主、技术管理水平不高等问题，核桃单产低、成本高、效益差，直接影响农民的增收。

因此，要促进新疆核桃产业的可持续发展，一要制定相关政策，增强政府对核桃产业的扶持力度；二要提高农户组织化程度，推进产业化经营；三要加强科学技术支撑，推广核桃提质增效技术，解决核桃产业发展关键问题；四要加大市场开拓力度，增强新疆核桃品牌影响力；五要强化核桃加工转化能力，促进产业转型升级。从而实现新疆核桃产业高效发展。

1. 积极推进核桃良种化，重视品种选育

优化核桃区域布局及品种结构，进一步明确主栽品种的用途。通过良种接穗补贴、嫁接费用补贴等方式，借助实生树改良、高接换头等技术措施改造老果园、实生树比例高的果园，继续推广市场前景好的优良品种，不断提高良种覆盖率。重视国内外核桃种质资源收集利用，利用现代生物学手段结合常规选育方法加快品种选育进程，逐步选育出一批在产量品质方面表现突出的品种。

2. 建立新疆核桃绿色高效标准化生产技术体系

针对南疆核桃主产区栽培管理技术粗放、质量参差不齐、残次果率高等问题，不断加大科技支撑力度，以核桃栽培模式优化、品质提升为切入点，开展栽培全过程中整形修剪、水肥、植保、农机等关键技术环节研发与突破。通过品种配置、密度调控、精准水肥、病虫害防控、机艺融合等技术优化改造与集成示范，改变传统生产方式，提高核桃生产标准化程度，形成操作性强，省力化、流程化的绿色高效标准化技术模式指导生产。

3. 积极发展核桃精深加工业，不断延伸产业链

从核桃不同品种的采收、脱青皮、晾晒干燥、初选分级、贮藏等方面进行标准化流程工艺研发和优化，使流通进入市场的核桃品质有所保证。积极引导和培育核桃精深加工龙头企业，发挥科研、高校等部门技术优势，开发科技含量高、附加值高、市场竞争力强并具有区域特色的新产品、新品牌，做到全产业链全面发展。通过搭建区域性核桃交易集散中心，实现生产、加工、销售的全面对接。

第二节　核桃优良品种

一、主要种类和分类方法

新疆有着得天独厚的自然资源和气候条件，非常适合核桃的生长繁育，因此也是我国核桃的原产地之一。同时，新疆核桃栽培历史悠久，分布有天然野生核桃林和大量的农家品种资源类型，种质资源十分丰富。根据新疆栽培核桃种质资源的生育特性，可分为早实类群与晚实类群，两大类群又可分为无性繁殖品种、优良品系和实生农家品种与优良单株。

（一）早实类群

凡实生播种后 1～3 年、嫁接后 1～2 年能够结实的品种为早实核桃类群。本类群树势较弱，树冠紧凑，结果早，丰产快，常有二次生长和二次开花现象，发枝力强，侧生混合花芽和结果枝率高。目前生产中主栽品种如温 185、新新 2 号、新丰、扎 343、新寻丰等都为早实品种。

（二）晚实类群

凡种子播种后 4 年以上、嫁接后 3～5 年才能开始结实的品种或株系属晚实核桃类群。本类群枝叶茂密，抗逆性强，寿命长，以雄先型占多数，无二次开花现象，发枝力弱，侧生结果率低。包括和春 6 号、和上 20 号等品种以及喀什、和田等地许多优良农家品种资源都为晚实品种。

二、主要栽培品种

优良品种是核桃规模化栽培的前提和基础。新疆核桃栽培品种以早实类型为主，在长期的繁殖和发展过程中孕育了新疆特有的早实核桃地方品种资源。从 20 世纪 70～90 年代，经过新疆科技人员 20 多年持续不懈的努力，从本地实生核桃群体中选育出 20 余个优良品种或株系，大多是具有早实特点的早实品种，其中新温 185、新新 2 号、扎 343、新丰等已成为新疆核桃的主栽品种，这些品种果实性状优良，已在生产中大面积推广应用。除此之外，农民自家果园或房前屋后也保留栽培有一些品质优良的晚实品种资源。现对生产中推广的几个早实优良核桃品种进行介绍。

（一）温 185

由新疆林业科学院选育，主要在喀什、阿克苏等地栽培（图 1-1）。坚果圆形或长圆形，果基圆，果顶渐尖。平均单果重 15.8 g，果面光滑，缝合线平或微凸起，结合紧密，壳厚度约 0.8 mm，内褶壁退化，横膈膜膜质，易取整仁。出仁率 65.9%。该品种树势强，枝条粗壮，树冠紧凑，抗逆性强，早期丰产性强，坚果品质极优，对肥水条件要求较高。

图 1-1　温 185 果实

（二）新新2号

从新和县农家资源中选出，主要在喀什、阿克苏等地栽培（图1-2）。坚果长圆形，果基圆，果顶稍小。平均单果重11.63 g，果面光滑，浅黄褐色，缝合线窄而平，结合紧密．壳厚度约1.2 mm，内褶壁退化，横膈膜中等，易取整仁，果实饱满。出仁率53.2%。该品种长势中等，树冠较开张，适应性强，早期丰产性强。盛果期产量较高，坚果品质优良，宜带壳销售。

图1-2 新新2号果实

（三）新丰

由郑炎甫等从和田县拉依喀乡农家资源中选出，主要在和田、喀什、阿克苏等地栽培（图1-3）。坚果长圆形，果基平，果顶凸而尖。平均单果重18 g，果面较光滑，色较深，缝合线较凸出，结合紧密，壳厚度约1.2 mm，内褶壁发达，革质，横膈革质，可取1/2仁，核仁充实饱满。出仁率53.1%。该品种树势强，树姿开张，为雌先型品种，丰产性强，适应性强，抗病，耐旱。

（四）扎343

由新疆林业科学院选育，主要在喀什、和田、阿克苏等地栽培（图1-4）。坚果椭圆或卵圆形，果基圆，果顶小而圆。平均单果重

图 1-3　新丰果实

16.4 g，果面光滑，缝合线窄而平，结合较紧密，壳厚度约 1.16 mm，内褶壁和横膈膜膜质，易取整仁。出仁率 54%。该品种雄花先开，花粉量大，花期长，是雌先型品种的理想授粉品种。坚果外观美观，适宜带壳销售。

图 1-4　扎 343 果实

（五）温 179

由张树信等从新疆温宿县木本粮油林场选育，主要在喀什、阿克苏等地栽培（图 1-5）。坚果圆形，果顶果基圆。平均单果重 15.94 g。壳面光滑，色浅。缝合线平，结合较紧密，壳厚度约 0.86 mm，内褶壁退化，横膈膜膜质，易取整仁。出仁率 61.4%。

该品种早实性强，树势强，树姿开张，雌先型品种，适应性强，坚果外观光滑，品质优，宜带壳销售。

图 1-5　温 179 果实

第二章

核桃的标准化建园

第一节　园地选择与规划

核桃是多年生深根性喜光树种，建园是核桃生产中的重要环节。因核桃生命周期长，核桃园一旦建立，便不易更改。因此，建园时，应对园地的土质、地势和气候条件，进行认真的选择，并进行规划设计，以避免因选址和规划不周，而带来各方面的不便及损失。土壤和气候的选择对核桃的生长发育具有重要作用，因此，核桃建园的选择与规划是至关重要的。

一、园地的选择

园地的选择直接关系到核桃生产的成败与经济效益的高低。园地选择应从气候条件、土壤和位置等方面进行综合评价与选择。建园前应对当地立地条件、气候条件、自然灾害和附近核桃树的生长发育状况，进行全面的调查研究，为确定建园地点提供依据。重点考虑以下几个方面。

（一）气候条件

气候条件应该符合核桃对外界环境的需求，最佳适宜区主要气候指标：年平均气温 8～12 ℃，最冷月 1 月平均气温大于－10 ℃，历史极端最低气温不低于－25 ℃，夏季 6～8 月平均气温在 19～23 ℃，光照充足，气候适宜，秋季昼夜温差大。

（二）土壤要求

选园时，应根据核桃生长发育对环境条件的具体要求来考虑。选择远离工矿区，避开工业和城市污染源的影响，土壤质地以保水、透气性良好的壤土和沙壤土最为适宜，土层厚度大于 1 m，地下水位大于 1.5 m，土壤总盐含量小于 0.3%，pH 一般偏中性，在 5.0～8.0 最合适。生态条件良好的地区。选熟地和新开荒沙壤地均可，新开荒沙壤地需改良 1～2 年再开始栽植。

（三）其他要求

根据产品的绿色生产指标，园址应选择空气质量良好、水质纯净、土壤未受污染，具有良好生态环境的地区。需交通条件便利，地势平缓，符合机械作业行走要求，避免在冰雹带、风口、低洼地建园，且应在园地周围种植防护林，做到防风固沙、改善核桃园的小气候环境，促使核桃正常生长。

二、园地的规划

园地选定后，应该根据建园的目的以及当地的自然条件对园地进行规划布局，遵守集约化、规模化的原则，充分利用土地，本着因地制宜和适地适树原则对园区进行全面规划。核桃园的正确规划，对核桃园生产和管理具有重要作用。若规划不当，会给今后核桃园生产带来长期不利影响，尤其是对水土保持、机械化操作、果品运输等带来诸多不便。核桃园规划包括园地踏勘、测量制图、小区规划、道路系统、灌溉系统、防护林带、堆肥场地、果园建筑以及品种的配置等各项内容。

（一）园地调查

在园地进行规划设计时应该先对园地进行现场勘测，勘测的内容为该地区的经济水平情况、当地主栽核桃品种、气候条件、地形和土壤条件、水利条件和土地利用现状等，为后期规划设计做资料准备。

（二）园区规划

1．功能区划分

核桃园规划设计的内容包括园区道路系统的规划，树木种植区的划分（主栽品种与授粉树），排灌系统的安排，晾晒场、堆肥场、农户休息区、供电设备的布置以及防护林带的设计等。并且各个功能区的布置需要按一定的比例进行，核桃的种植面积占园区总面积的80％～85％，防护林规划占5％～10％，道路占园区的4％左右，其他的基础设施占7％。

2．种植小区规划

小区划分应考虑地形、地势及土壤状况，使区内小气候大体一致并便于运输。具体来说，应根据土地面积和坡度大小，结合品种安排和排灌渠道及道路要求划分适当面积的小区，然后整平至坡度小于2°（平整土地可以避免土壤反盐碱）。小区形状以长方形为宜。应根据地形、地势、风向等因素，栽植行向一般为南北方向，以利于树体采光，其长宽比例为（2～5）：1，长边宜南北向或垂直于主风向，小区面积一般在4～6 hm^2。

小区之间由主路、支路连接，主路宽度一般6～8 m，应进行砂石铺垫或硬化；支路为小区的分界线，宽度一般 4 m 左右，也应进行砂石铺垫或硬化；小区地头要留农机道路，路宽以果园配置的农机可以安全掉头为准，根据果园规模及配置农机型号一般 6～8 m，不需筑路，自然生草即可。为了便于机械化作业，道路占整个园区面积的 4%左右。

3. 灌溉系统规划

渠道由主渠道和支渠道组成，主、支渠道呈“非”字形。渠道要注意防渗防漏，其深度和宽度因水流量而定。井水灌溉的核桃园一般机井每眼灌溉 33.33 hm^2，盐碱地要设排碱渠。

现代核桃种植基地应配置水肥一体化系统。除滴灌管外，各级输水管道均应埋入地下，一般主管道埋深 1 m，支管道埋深 60 cm。为保证滴灌均匀度，压力补偿滴灌管单侧延伸 80～100 m，非压力补偿滴灌管单侧延伸 50～60 m（图 2-1）。

图 2-1　安装滴灌

4. 防护林规划

果园设置防护林的目的在于改善果园的生态条件，保护果树的正常生长发育。防护林具有调节温湿度，降低风力，减轻冻害，提高坐果率等作用。防护林也是保持水土和抑制水土流失的有效途径。针对气候干燥而且风沙大的地区可以设置防风带以防风沙与改善地区的小气候。园区四周应提前规划种植主林带，与主害风的风向垂直，一般配置4～6行，主风向林带应加宽为8～10行，乔灌结合。内部防护林带在主路和支路两侧布局，一般配置2～4行。根据土壤立地条件，优先选择适应当地环境、速生高大的新疆杨等；土质差、盐碱偏重的选择胡杨、沙枣等（图2-2）。防护林面积占果园总面积的8%～12%。

图2-2　核桃防护林带

5. 果园建筑

果园建筑包括管理用房、工具室、农药肥料室、配药池、分级包装车间和果品储藏库等。建筑位置以方便为宜，如配药池应设在靠近水源、灌溉渠道处。

6. 品种选择及授粉树配置

一个园区可种植1～2种主栽品种，选择适应性较强、丰产优质的品质。核桃属于雌雄同株、异花风媒授粉，一般雌花与雄花的盛开时间是不一致的，因此授粉树的配置需要注意授粉品种应选择雄花花期与主栽品种的雌花花期一致，并与主栽品种有较高的亲和力，提高园区内核桃的坐果率。如某一品种选为主栽品种，可每2～3行配置1行授粉品种，原则上主栽品种与授粉品种的最大距离应小于50 m，主栽品种与授粉品种按8∶1呈带状配置，并辅以人工授粉。

（三）配套条件要求

1. 戈壁建园的土地改良

在戈壁砂砾区建园，应按照行距南北行向开沟换土，沟宽1.5 m，沟深1.0 m，沟内先垫一层棉花秸秆、杂草枝条、土杂肥等，并亩施农家肥5 000 kg左右，然后再进行种植带换土改良。要求沟内回填的土不能用盐碱土、pH<8.5、总盐含量控制在0.3%以下。换土完成后，将种植带整成宽1.5 m、深20 cm左右的种植浅沟，灌透水使土壤沉实，整平呈待栽状态。

2. 灌溉方式

水源有保证，配置水肥一体化设施。

3. 农机配套

果园机械化是实现现代核桃集约规模经营、降低生产成本、提高生产效率和种植效益的主要途径。据果园面积配套果园机械的种类、数量，一般每千亩果园应配置大中型拖拉机（图2-3）2台、旋挂式割草机1台、开沟施肥机（图2-4）1台、多功能作业平台（图2-5）2辆等。

图2-3 拖拉机

图2-4 开沟施肥机

图 2-5　多功能作业平台

第二节　建园

随着核桃产业迅速发展，我国的核桃产业由最初的自然生长状态转向为集约化、园艺化的方向发展，标准化建园不仅能够提高栽植的成活率和栽后的保存率，更是能为新苗提供一个良好的生长发育条件，为后期的丰产打下良好的基础。

一、整地

直播建园，整地要求田块达到齐、平（经过犁、耙、人工平整等作业，使田块内地面平坦，土壤表层无隆起和明显凹坑，高度差不超过 5 cm）、松（土壤耕层疏松，上虚下实，土壤细碎，表层无直径超过 2 cm 的土块）、碎、墒（要在土壤墒情适宜时犁地，这时土壤颗粒易松散，整地容易，同时可使播种时土壤保持适当的含水量，有利于种子发芽）、净（田内无作物根茬、杂草、废旧地膜等）。

二、苗木选择

准备苗木，是果园建设一项很重要的工作，新疆核桃主栽区本身立地条件不够优异，苗木的选择至关重要。它不仅需要掌握所需苗木的来源和数量，更重要的是保证苗木质量。在苗木（图 2-6）选择时要遵循保持根系良好、生长健壮、无病虫害、树干粗壮光滑无明显的机械损伤等原则，从而提高建园树木的成活率和坚果业的经济效益。

图 2-6 核桃苗木

三、苗木定植

（一）栽前准备

1. 根系修剪

栽苗前 1～2 d，剪去基部萌蘖、嫁接口残桩，将过长的苗木根系剪留 20 cm 左右，受伤的主、侧根剪出白茬，剪口要平滑，以利于伤口愈合、萌生新根。

2. 浸泡苗木

将根系处理好的苗木按照品种分区域放入浸苗池，同一池内的不同品种需要进行分隔和标记。苗木码放时尽量将根部高度保持一致，然后注入清水，以没过所有苗木根部为准。浸泡 24～48 h，注意随时补水以保证水面没过根系。

3. 苗木消毒促生根

苗木在清水中浸泡后，再将根系放入由 500 倍 50％多菌灵（或 800 倍 70％甲基硫菌灵）＋生根剂（不同生根剂按各自要求浓度配制）的混合溶液池中浸泡 5～10 s（不可时间过长），然后捞出进行栽植。

（二）栽植时间

核桃栽植有春栽和秋栽。春栽多在地温回升、土壤解冻后至萌芽前进行，要求地温稳定在 12 ℃以上时开始定植，一般在 3 月下旬至 4 月中旬进行。秋栽多在落叶以后至地面上冻以前进行。过去核桃一般采用春栽，但在新疆春季干旱多风，枝条容易抽干，而且缓苗期长，影响当年的生长量。核桃秋栽如果做好防寒越冬措施，比春栽效果好。秋栽可以避免春栽时间集中、劳动力紧张、用水紧张、缓苗期长等问题，而且可以使幼树翌春提早活动，发芽早、生长壮、成活率高。

（三）栽植密度

核桃树喜光、生长快、成型早、经济寿命长，可以适当密植。核桃的栽培密度和方式，应根据立地条件、栽植品种和管理水平而异。栽植密度确定以后，本着经济利用土地，能够获得高产、稳产、优质，便于耕作的原则来确定品种，同时考虑品种的生物学特性。常用的栽植方式有长方形栽植、正方形栽植、计划密植等方式。一般在土层深厚、肥力较高的条件下，株行距应大些，可采用 5 m×6 m 或 6 m×8 m 的株行距。如长期实行果粮间作的核桃园，栽植密度不宜硬性规定，一般的株行距为 5 m×10 m 或 6 m×12 m。

对于早实核桃，因其结果早，树体较小，可按先密后稀进行规划密植，多采用 3 m×5 m 株行距定植，当株间出现交叉、郁闭光照不良时，可采用回缩、落头、夏秋摘心等措施，打开光路。严重交叉时，可进行隔株间伐。这种模式在新疆阿克苏地区推广最为普遍。如果在土壤瘠薄、肥力较差的沙粒土或荒漠上建园，还可适当增加到 2.5 m×3 m 或 2 m×3 m 的密度。一般每亩为 14～44 株。

（四）栽植方法

为保证树体通风透光，一般按照南北行向开挖定植坑（图 2-7），定植坑的大小按照深 50 cm、宽 80 cm 标准进行。挖坑时，注意将表土和心土分放两侧。定植坑内应先填施肥料 30 cm，每坑施入腐熟农家肥 20 kg，过磷酸钙 500 g 或三料磷 150 g，与表土或熟土，上面再放土 20 cm。

图 2-7　打坑机作业

采用“三埋两踩一提苗”的方法定植。

一埋：挖定植坑时将表土放成一堆，将深层土另放成一堆，定植坑挖好后，将基肥放在最下面，然后将表层土均匀地埋放在肥料上面。

二埋：然后把修剪过根系的苗木放入定植坑中，保持根系舒展，把表层土继续填埋到树坑一半的高度。

一提：把苗木轻轻地往上提一下，防止树苗根系窝在一起，不利于根系的生长。

一踩：把填埋一半的土踩实，让苗木的根系与土壤紧紧接触，以便尽快地吸收营养和水分提高成活率。

三埋：将挖坑剩下的深层土埋入，一直埋到与地面齐平。

二踩：对土面进行第二次踩实。这样能够使树苗树干挺直，同时树苗根部与土壤紧密结合，可防止被风吹歪。

四、栽后管理

为了提高栽植后苗木的成活率，确保苗木正常生长，在苗木栽植后需要对苗木进行栽后管理，主要内容为灌水、幼树防寒、幼树定干等管理措施。

（一）及时灌水

新疆核桃主栽地区气候干燥少雨，在苗木栽植后应立即灌一次透水，等水充分渗入后再覆土，用地布等覆盖树盘，以减少土壤的蒸发。以后视土壤墒情酌情灌水。灌水时可用600倍液“养根灵”，有效提高根系长势。

（二）施肥管理

为避免间作物与幼树争水争肥，在定植坑两边打上间距80 cm保护带。3月下旬及时灌一次萌芽水。5月中旬进行追肥，追肥后及时灌水，及时进行松土除草。8月开始喷磷酸二氢钾2～3次。8月上旬以后，严格控制灌水和施肥，对没有停止生长的秋梢进行摘心，提高苗木的木质化程度。9月中下旬，秋施基肥，株施腐熟农家肥5～15 kg+尿素0.15～0.2 kg+二胺0.1～0.15 kg。

（三）幼树防寒

防止核桃幼树冬季抽枝，造成树体死亡。具体的措施有：一是提高核桃自身的抗寒性。按照前促后控的原则，注意加强水肥管理，在7月之前以追加氮肥为主，7月以后以追加磷肥为主，并适当控制灌水。8月对正在生长的新梢进行多次摘心，加以控制开张角度来有效防止枝条旺长，增加树体的抗寒能力。9月上中旬，喷洒0.3%～0.5%的磷酸二氢钾。11月上旬灌一次透水，可以有效提高土壤的含水量，从而减少抽条的发生。二是埋土防寒，在幼树栽植后的1～2年可以采用埋土的方法进行防寒（图2-8），在11月下旬，将整株的核桃幼苗轻轻地弯倒埋土（不要将枝折断），其顶部接触地面。第二年萌芽之时将幼树扒出扶直，对于不易弯倒的幼树可以采用双层套袋的方法保护幼树不受低温的危害。三是可以对树体涂白，树干绑上秸秆，并在树下盖上地膜，改善树体周围的小气候环境，促进根系活动，从而减少抽条的发生。

图2-8 幼树埋土及包裹防寒

（四）幼树定干以及其他管理

栽植后已经成活的核桃苗木，当生长到1 m时，按照树形进行定干。定干的高度依据核桃品种特性、栽培方式以及周围环境条件来确定定干高度。如立地条件优异时定干高度为1.5 m，立地条件差的地区定干高度为1.2 m。当年达不到1 m时，保留一个顶芽生长，待达到定干高度时利用夏季进行定干。

除萌在核桃幼苗生长过程中非常关键。对于核桃幼树长出的多余的萌芽和实生萌芽要及时去除，以控制养分的流失，保证苗木的茁壮生长。同时，为保证苗木生长发育正常，应及时对园地进行除草和病虫害防治等管理。

案例　新疆阿克苏地区核桃建园实例

实例一　一龄实生苗定植建园

2007 年秋季，新疆阿克苏地区温宿县托乎拉乡 5 大队 2 小队，2.67 hm^2 核桃园用当年春季培育的实生苗秋季定植，既提高了栽植成活率、降低了建园成本，又解决了春季水资源缺乏和劳动力短缺的问题。

（一）苗木选择

选择苗木地径≥1.5 cm、高度≥25 cm、主根长度≥30 cm，须根≥20 条，须根完整，主根无劈裂，苗木无病虫害，枝干充实并无机械损伤的实生苗进行定植。

（二）起苗时间和定植时间

新疆阿克苏地区起苗时间一般在秋季 10 月中旬至 11 月上旬。为保证栽植成活率，起苗后最好就近移栽，边起边栽。远地定植按照核桃育苗技术做好苗木的储运假植工作。定植时间最晚不超过 11 月上旬。

（三）定植技术

为保证栽植后苗木成活率和正常生长，避免间作物与果树争水争肥，一般是在定植坑两边打上间距 80 cm 保护带，保护带的方向按行距方向，随后在保护带中间，挖深 50 cm、宽 60 cm 的定植坑。按照上述的“栽植方法”定植苗木。

（四）定植后管理

秋季定植的实生幼苗，在土壤结冻前，全苗进行埋土。苗木较高时，可以弯倒埋土。埋土厚度 30 cm 以上，确保幼苗安全越冬。第二年春季，土壤解冻后，去除覆土，扶正苗木，耙平苗木周边土壤，并于 3 月下旬，核桃发芽前，在幼苗 20 cm 左右饱满芽处进行截干，截干后及时灌一次萌芽水。5 月中旬进行追肥，株施尿素 50 g、二胺 50 g，追肥后及时灌水，及时进行松土除草。7 月 20 日以后控制肥水，并对没有停止生长的秋梢进行摘心，提高苗木的木质化程度，有利于越冬。10 月下旬进行冬灌。

（五）嫁接前管理

对春季截干后萌发的新梢，留一个壮枝，其余的全部抹除。当新梢长至 40 cm 以上时，在 40 cm 处进行摘心。5 月底 6 月初准备嫁接前，在距离地面 45 cm 处剪砧（截干），砧木上部留 2 个复叶，每个复叶留 2 片叶片作为提水叶。然后在离地 40 cm 左右的位置进行芽接，一般上部可留 5 cm 的短桩，代替木桩，作为以后防风支柱。嫁接方法一般采用目前最常用的“嵌芽接”。

核桃春、秋定植对成活率及新梢生长量的影响见表 2-1。

1 龄、2 龄实生苗和嫁接苗成本投入分析见表 2-2。

核桃三次截干、低位嫁接对树冠大小及产量的影响见表 2-3。

表 2-1 核桃春、秋定植对成活率及新梢生长量的影响

定植时间	苗木类型	调查株/株	发芽株/株	成活率/%	春季新梢平均生长量/cm（4 月下旬调查）	秋季新梢平均生长量/cm（8 月上中旬调查）
春季	一年实生苗	228	170	74.9	3.8	22.6
	二年实生苗	225	155	68.9	1.8	15.4
	二年嫁接苗	239	154	64.4	0.5	14.8
秋季	一年实生苗	209	199	95.4	7.5	38.4
	二年实生苗	212	185	87.3	5.8	28.8
	二年嫁接苗	220	178	80.9	3.8	22.5

表 2-2 1 龄、2 龄实生苗和嫁接苗成本投入分析

建园模式	苗木选择	劳务费/元	苗木价格/（元/株）	苗木/元	合计/元
定植 44 株	1 龄实生苗	44	3.5	154	198
定植 44 株	2 龄实生苗	100	7	308	408
定植 44 株	嫁接苗	100	10	440	540

表 2-3 三次截干、低位嫁接对树冠大小及产量的影响

试验材料	株行距/m	树高/m	干高/cm	冠幅/m		产量/（kg/亩）
				东西	南北	
处理	3×5	3.2	38.5	2.9	3.1	187
对照	5×6	4.0	58.6	3.8	3.9	44

实例二 膜下滴灌直播建园

核桃膜下滴灌直播建园技术是新疆阿克苏地区近年来针对核桃定植建园过程中存在建园成本高、成活率低、建园速度慢等问题，结合多年来积累的棉花膜下滴灌经验，总结出的一项操作简单、投入成本低、见效早、建园速度快的技术，可在今后核桃产业发展中借鉴。

核桃播种育苗技术可参照上述的“核桃育苗技术”，值得注意的是以下几个方面。

（一）播种

播种时间一般在春季，核桃萌芽前的3月下旬至4月上旬进行。根据种植模式确定播种，行距为5 m，株距0.5 m。间作园需留出1.5 m以上的保护带。每亩需准备核桃种5.5 kg左右。

（二）滴灌系统

为节约水源，保证核桃苗木各生长期的用水量，采用了核桃膜下滴灌。常采用棉花膜下滴灌技术。利用机械按照5 m的行距，平地覆80 cm宽的膜，铺设滴灌带。管网直径，一般为总管直径25 cm、干管直径15 cm、支管直径10 cm、地表毛管直径2 cm。

总管按地块短边地头铺设，埋深1.2 m以下，覆盖面积20～26.7 hm^2，每小时可供水1 000～2 000 m^3；干管与总管垂直设置，干管间距80～100 m，埋深1.2 m以下；支管与干管垂直设置，支管间距40～50 m，埋深40～50 cm；地表毛管按地面作物实际种植行布设，滴水孔与核桃播种点吻合。

（三）播后管理

核桃播种时覆土较厚，出苗期长，期间为确保膜下墒情，间隔期15 d左右，需专为膜下核桃种子滴灌2～3次。5～6月是苗木生长的关键时期，一般需灌水2～3次，土壤封冻前灌足冬水。

5～6月结合灌水，追施氮肥2次，每次配施尿素75～150 kg/hm^2，7月追施复合肥一次，150 kg/hm^2，可采取人工穴施或结合滴灌配速溶肥的方式进行。为保证苗木生长健壮，幼苗生长期间还可进行根外追肥。前期用0.5%尿素多次喷洒，后期用0.5%磷酸二氢钾喷洒。

7月15日停止施氮，8月底控制灌水，并及时摘心，促进枝条成熟，土壤封冻前进行埋土防寒。为避免土壤含水量过高，造成苗木发霉，一般用干土埋，埋土厚度要求在30 cm以上，保证幼树安全越冬。

次年夏季进行嫁接，以后根据栽培管理条件，按照3 m株距或其他密度留苗，多余苗木移除。移除的苗木可用做新园定植或商品苗木出售。

（四）与棉花生产灌水和施肥不同期的解决办法

间作棉花的核桃直播园，由于棉花一般要在6月初浇头水，此前直播的核桃至少需要浇2～3次水。可采取以下两种解决办法：一是对有条件的地块，进行滴灌设计与改造，适量增加一些控制闸阀，使之可以独立为核桃行间浇水；二是对部分条件不成熟地块，在保护带内播种，要浇水时，采用沟内小水明灌1～2次，至6月与棉花生长水肥同期后并入滴灌体系。

直播建园与育苗种植建园效益对比见表2-4。

表2-4　直播建园与育苗种植建园对比

类别	种子、苗木价格/（元/亩）	肥水投入/（元/亩）	劳动力（第一年）/（元/亩）	嫁接费用（元/亩）	产量/（kg/亩）		
					第四年	第五年	第六年
直播建园	44	400	400	88	15	55	120
育苗种植	110	400	200	88	15	15	55

总结：核桃直播建园与定植建园相比，是利用直播建园坐地苗的良好根系，没有缓苗期，造林成活率高，可达到95%以上。苗木生长较大、园相整齐。适宜与棉花膜下滴灌配套的核桃根系及生长发育对水分的需求，避免了因为棉花膜下滴灌使树体缺水而造成不必要的损失。同时，又可解决苗木在苗圃地越冬无法忍受冻害的问

题。多余的苗木又可作为核桃园建园用苗，或者作为商品苗出售，直播当年成形，次年即可受益。

实践证明，核桃直播坐地建园，可提前 1 年结果，且密度可以选择，生产栽培技术简便易行，实现低成本建园，具有良好的经济效益。

实例三　荒漠地造林建园

阿克苏地区是典型的沙漠气候，年降水量仅有 90 mm。每年春季的大风、沙尘暴，都要给阿克苏地区造成数十亿元的经济损失。为加速荒漠治理，阿克苏地区鼓励农民在荒漠地区种植核桃。2007 年秋季，阿克苏地区果满堂果业开发有限公司在天山山区 133.33 hm^2 的戈壁荒滩砾质土壤开展滴灌种植核桃试验，取得成功，总结出了核桃荒漠地造林技术。

（一）条田规划

单块条田的高程差一般在 30～150 cm，条田宽一般在 40～60 m，长 100～150 m，在条田的西北方向营造防护林，苗木按照条田南北走向进行定植。

（二）土壤改良

荒漠地一般为新开荒地，属于沙粒土质，N、P、K 及微量元素，有机质含量严重缺乏，pH 8.5 左右。苗木栽植之前，需进行理化性能的改良，即采用客土、增施有机肥、填表层土等办法，以改良土壤质地，促进根际土壤熟化，为根系生长发育创造条件。按照 3 m×5 m 或 2 m×3 m 的株行距人工或机械开挖大的定植坑，定植坑长、宽、深各为 80～100 cm，坑底施 20 cm 厚的腐熟羊粪或猪粪

（约 30 kg），再加施 2 kg 过磷酸钙，回填 30～40 cm 厚的沙壤土，留 30 cm 垂直空间栽植苗木。

（三）滴灌设施

该公司核桃种植园位于天山南坡洪积扇荒漠地带，北高南低，自然坡降在 0.7%～1%。利用其地理特点，在地块最北部建高位水库，全年聚集天山雪水。按总、干、支、毛管系统拉设管网，总管、干管埋设地下 1.2～1.5 m 处，支管、毛管设置在地表，支管间距 80～120 m。单块条田平整前把总管、干管铺设好以后，进行土地平整，然后按照苗木定植要求开挖定植坑、施肥。最后在地表拉设支管、毛管。在定植坑中间部位（苗木定植处）的毛管上打出水孔。管网拉设完毕，栽植苗木，供水运行。

定植要求同秋栽建园。栽后滴水，8～10 h，间隔一周复滴一遍，3 d 后埋土越冬。

（四）苗木管理

按照常规核桃栽培管理技术，加强肥水管理和进行实生苗嫁接，做好苗木的越冬保护工作。4—7 月追施 4 次复合肥，用量上逐步加大。每半月滴灌一次，全年滴灌次数 10～12 次。秋季（9 月下旬至 10 月中旬）追施农家肥。在树体生长过程中，为充分满足根系生长需要，春季和冬季灌水采取大水漫灌。

第三章

新疆核桃的优质高效栽培技术

第一节　土、肥、水管理

核桃园的土肥管理是栽培管理中的一个重要环节，土、肥、水是核桃树生长的基础，由于核桃树是多年生树种，只有进行科学的土、肥、水管理，才能全面地改善土壤环境，促进根系的生长，提高根系对水分、养分的吸收，使树体生长健壮，增强植株的适应性和抗逆性，减轻病虫危害，减少化肥和生长调节剂污染，从而达到优质丰产的目的。

一、土壤管理

核桃树虽然对土壤的适应性很强，但要实现早实、优质、丰产，则需要良好的土壤条件。合理的土壤管理，才能维持良好的土壤养分和水分供给状态，促进土壤结构的团粒化和有机质含量的提高，为根系创造良好的生长条件，从根本上改变核桃树的营养条件。丰产核桃园应选择土层深厚、土壤结构疏松，并且土壤中的营养物质丰富、保水以及供肥能力强，有利于核桃树充分吸收营养物质。

（一）中耕除草

1. 机械或人工除草

核桃树根深，在生长季对核桃树进行多次中耕除草（图 3-1），不但可及时清除杂草，减少杂草对水分、养分的争夺，而且可以疏松土壤，促进土壤微生物活动，加速养分转化，提高土壤肥力，减少病虫害；同时可破除土表板结层，切断土壤毛细管，减少水分蒸发，减少旱害与盐害。中耕除草正值根系活动旺盛季节，为防止伤根，中耕宜浅，一般为 5～10 cm。在灌水或降雨后应及时中耕松土，防止土壤板结和水分蒸发。核桃园面积少可进行人工除草，现代化核桃园多采用机械中耕除草，以利于保温保墒。次数以气候条件、杂草多少为依据。在杂草出苗前后和结籽前除草效果较好，一般全年中耕除草 4～5 次。

图 3-1　旋耕机作业

2. 化学除草

化学除草就是利用除草剂除草，对土壤一般不进行耕作。化学除草具有节省劳力、提高劳动效率等优点。大面积核桃园及机械无法操作或劳力紧缺时，可用除草剂除草。

目前，除草剂的种类繁多，分类方法也有多种。根据使用方法分为茎叶处理剂和土壤封闭处理剂；根据其作用方式分为选择性和灭生性两类；根据在植物体内的传导性分为触杀型除草剂和传导型除草剂；根据化学成分分为磺酰胺类除草剂和苹果酸类除草剂等。

实践证明，不同类型的除草剂有不同的使用方法。因此在使用除草剂之前，必须掌握除草剂的特性和正确的使用方法，如果使用方法不当，不仅效果差，而且浪费药剂甚至会引起药害。例如，不能使用含磷的除草剂，否则会对核桃叶片造成伤害。

第一，使用化学除草剂时应掌握以下要点。

①选用适合的除草剂。果园最常用的是草甘膦，这种除草剂在土壤中很容易钝化失活，残效期短，因此对果树根系较安全，而阿特拉津、乙草胺（核桃树敏感）、氟乐灵等则持效期长，副作用较多，不宜多用。

②选择最佳施药时期。土壤封闭性除草剂应在杂草出土前施药，如氟乐灵等，而茎叶吸收处理剂则应在杂草5～6叶期以前施用效果最好。

③注意人畜和果树的安全。不少除草剂对人畜有毒，施用时应注意安全，果园使用除草剂应在晴朗无风的天气进行，以免药剂漂移和挥发，同时注意药液不能喷洒在树枝、叶、芽和幼果上。

④对于茎叶处理剂，在使用时应加入增效剂，可显著提高防效。

⑤及时清洗。喷施过除草剂的喷雾器应及时清洗干净，然后再

用，以免对其他作物造成药害。

第二，核桃园不同时期可用的除草剂类型。

①地面封闭：可以在春季草籽萌发前喷布地面，形成药膜，杀死野草的萌芽，对大部分单子叶、双子叶杂草有效。可选择二甲戊灵＋丙炔氟草胺，绝不能用乙草胺（核桃树非常敏感），包括间作物、核桃园周边，都不能使用乙草胺，否则很容易引起落花落果、叶片畸形。

②杀绿、广谱型：温度低时，可用敌草快，但要注意，选择无风、微风天喷洒，不要让药液飞散到核桃叶上以及嫩绿的枝干上。

③触杀加封闭：如果错过了地面封闭触杀的最佳时期，杂草已经萌发，应尽早采用“触杀加封闭”的方法，可选用二甲戊灵＋丙炔氟草胺进行除草。

④宿根杂草：草甘膦效果很好，该农药属于内吸传导型广谱除草剂，叶面吸收后周身传导，造成杂草生理障碍、根系腐烂。

第三，当药害发生时建议用以下补救措施。

①水洗法：内吸性除草剂用量过大造成药害时，应立即喷清水，冲淡作物上未被吸收的药液，减轻残留药物对作物的伤害。除草剂药害多为酸性物质所致，轻微的药害可以用1%的漂白粉溶液进行叶面喷施。

②排灌法：对使用二甲四氯、2,4-D丁酯等化学除草剂造成的药害，可先用大水串灌，冲淡作物上的药液，后排水晒田，重新灌新水，并结合施氮肥，用尿素8～10 kg/亩，促进受害部位尽快恢复生理功能。

③喷药法：酰胺类除草剂如乙草胺等造成的药害，可以用赤霉素；烟嘧磺隆使用不当造成的药害，可以用芸苔素等可缓解症状，使植物恢复正常。

④增肥法：作物发生药害后，要及时补救适量的氮肥和钾肥，可使受害作物增添新叶，恢复正常的生长发育。

（二）深翻

土壤深厚肥沃、结构良好是核桃树生长的基础。深翻可以加深土壤耕作层，截断表层部分根系，促发新根，增加根的数量，使根系向纵深发展；提高土壤含水量，改善根系分布层土壤的通透性和保水性；促进土壤微生物数量的增加和活动的增强，加速土壤熟化；提高土壤有机质含量和矿质营养水平，改善根系生长和吸收环境，从而促进核桃树地上部生长，提高核桃树产量，改进核桃果品品质。如果深翻结合科学施肥，更可促进土壤团粒结构的形成和微生物的活动，从而提高土壤肥力，通过深翻能破坏部分病菌和虫害越冬场所，减轻病原菌和害虫翌年的侵染与危害。

1. 深翻时期

一般在栽后2～3年根系伸展超过原栽植坑后开始深翻。土壤深翻在一年四季都可进行，但通常是在秋末或早春。春、秋季深翻可以促发新根，但春季断根多会影响地上部的生长发育，所以宜在早秋进行。秋季果实采收后深翻，由于地上部生长已趋于缓慢，养分开始回流，因而对树体生长影响不大。而且，秋季根系仍保持一定的生长，伤根容易愈合，促发新根的效果也比较明显。采果前后正值根系生长的高峰，是深翻的最佳时期，可结合施基肥进行，也可夏季结合压绿肥、秸秆进行，以增加土壤有机质，改良土壤结构。

2. 深翻深度

果园深翻是核桃园土壤管理的基本措施，应考虑土壤结构和土质状况。过浅效果较差，有砾石层或黏土夹层，或土质较黏重等，深翻的深度一般要求达到40～60 cm。

3. 深翻方式

根据树龄、栽培方式等具体情况采取不同的深翻方式。

(1) 深翻扩坑：多用于幼树、稀植核桃树及土壤黏重、有砾石层的核桃园。在保护带内进行扩坑深翻，土壤回填时混以有机肥，表土放在底层，底土放在上层，然后充分灌水，使根土密接。一般在栽后第二三年开始，在栽植坑的外缘开始，逐年或隔年向外开轮状沟，直至核桃树林间土壤全部翻完为止。

(2) 隔行深翻：多用于成行栽植、密植核桃园。隔行沿树冠外围向外深翻，每年换行，直至行间全部深翻。

(3) 全园深翻：指栽植坑以外的土壤一次深翻完毕。密植园宜全园深翻。

上述几种深翻方式，应根据果园具体情况灵活运用。一般小树根量较少，一次深翻伤根不多，对树体影响不大，成年树根系已布满全园，以隔行深翻为宜。

（三）打保护（防水）圈、保护埋土

阿克苏薄皮核桃密植园或稀植园，以漫灌为主的核桃园，有间作的园子需打防水圈，防水圈就是在核桃树主干周围打一封闭圆圈（防水圈），防水圈外径控制在 1.5 m；无间作园需在行间树干边打一条埂子，使主干在保护圈或土壤保护中，在灌水中使主干不接触渠水，保护主干，预防核桃腐烂病的发生，避免腐烂病的侵染，防止腐烂病蔓延。

（四）间作

以 3 m×5 m 株行距建园模式的幼年核桃园，土壤管理以间作经济作物或种植绿肥最好。间作可以充分利用土地资源和光能，提高核桃园的前期效益；调节核桃园地温，减少土壤水分蒸发，防止

土壤返碱。

1. 选择间作作物

应选用植株矮小或匍匐生长，生育期较短，适应性强，需肥量较小、且与核桃树需肥水的临界期错开，与核桃树没有共同的病虫害，耐阴性强，利用价值高的作物。

核桃园常见的间作物有豆类、麦类、蔬菜、花卉及药材类等（图 3-2 至图 3-4），其中阿克苏地区以小麦、豆类等作物最为常见。间作作物可以实行轮作制。

图 3-2 核桃-小麦间作

图 3-3 核桃-红薯间作

2. 间作绿肥

图 3-4 核桃-胡萝卜间作

行间还未郁闭的结果核桃园可以间作绿肥，培肥地力，面积不大于 40% 为宜，间作油菜以春播为好，播种时间 2 月中旬为佳，即顶凌播种。林下地表 2～3 cm 土层日消夜冻时抢时播种，播种量净面积亩用 0.8～1 kg，播种采用机械条播或人工撒播，出苗后结合灌水亩撒施 5～10 kg 尿素，增加绿肥的生物量。5 月底 6 月初油菜开花后用拖拉机翻入行间，达到培肥地力的目的。

（五）土壤改良

核桃树是深根性植物，喜土层深厚、透气性良好的土壤，但要获得优质、丰产和稳产，则通常需要壤土或沙壤土、土层深 1 m 以上、pH 6.2～8.2、氯化物盐类低于 0.1%和总盐量低于 0.25%的土壤条件。在沙荒地、盐碱地或旱薄地上建核桃园时，应先进行土壤改良和整地。

1. 沙荒地土壤改良

沙荒地缺少有机质，保水保肥能力差，直接影响树体的健壮生长和产量稳定，因此，改良土壤结构，培肥地力，是沙荒地建园的重要工作。

（1）土壤深翻：适于沙层以下有黄土层和黏土层的地块，把底层的黄土或黏土翻上来与表层沙土混合，可有效地松动沙层下土壤，增加其通透性，提高土壤的保水保肥力。深翻首先是把沙层以下的黄土或黏土通过挖沟翻到土壤表层；等翻到表层的土壤充分分化后，将其与沙子充分混合。一般深翻过程要持续 2～3 年。

（2）压土处理：在沙层下部无土层的沙荒地，一般采取以土压沙和增施有机肥结合的方法。即压土 5～10 cm，同时施入大量农家肥，然后进行翻耕，使土、肥与沙充分混合，改良沙地土壤结构。

图 3-5　增施有机肥

（3）增施有机肥（图 3-5）：增施有机肥是改良沙荒地的重要措施之一，有机肥料除含有较全面营养元素外，能够增加土壤孔隙度，改良土壤结构，提高土壤保肥保水能力，缓冲土壤酸碱度，改善土壤的水、肥、气、热等状况。生产上常用的有机肥有厩肥、堆肥、禽粪、饼肥、油渣、人粪尿、土杂肥及绿肥等。这些肥料分解缓慢，在整个生长期间，可以持续不断地发挥肥效，防止土壤溶液急剧变化，缓和使用化肥后的不良影响，提高化肥肥效。

（4）土壤结构改良剂：土壤结构改良剂可以改良土壤的理化性质和生物学活性，可保护根层，提高土壤的透水性，调节土壤酸碱度等。近年来不少国家已开始应用土壤结构改良剂，提高土壤肥力，使沙漠变良田。

2. 盐碱地土壤处理

核桃树不耐盐碱，耐盐性只有0.25％左右，盐渍化土壤会影响核桃树的生长，使果实的品质下降，为防止盐碱危害，可对盐碱地进行改良后栽植核桃。

（1）整地刮盐：重盐碱地一般在蒸发量大的季节，土壤表层会积一层盐巴，此时可将盐皮刮去，挖坑浇水，待盐碱残存较少时栽植。

（2）大水压盐：预备栽植核桃树的盐碱地，栽前应用大水灌溉压碱两次，这样可以大大降低土壤中的盐碱含量。南疆土壤多为碱性，每年进行一次大水漫灌压碱也很必要，漫灌时间选在春季或冬季均可。

（3）挖排碱沟：在核桃园行间或周围挖排水淋碱沟，使核桃园积水能够及时排除，起到降盐作用。

（4）间作覆盖：用间作作物覆盖地面，可减少地面蒸发，防止返盐。在干旱或高温季节，水分蒸发量大，可覆盖秸秆或杂草，以保水防旱，防止返盐。

（5）深施有机肥：有机肥应以酸性为好，如厩肥、秸秆、干草渣等。有机肥料除含有果树所需的营养物质外，还含有机酸，对碱能起中和作用，同时还可改良土壤理化性状，促进土壤团粒结构的形成，提高土壤肥力，减少蒸发，防止返碱。

（6）中耕除草：灌水或雨水后，特别是在返盐季节，及时中耕除草，可切断土壤毛细管，防止水分蒸发带来的返盐危害。

（7）其他：营造防护林可以降低风速，减少地面蒸发，防止土壤返碱。施用石膏等对碱性土壤的改良也有一定作用。

二、施肥

土壤瘠薄是影响薄皮核桃园优质高产的主要因素。核桃园树龄、树势、品种和土壤状况不同，其需肥种类不同。因此，应根据立地条件和树体生长状况合理施肥。

在一年的生长发育中，开花、坐果、果实发育、花芽分化期均是核桃需要营养的关键时期，应根据核桃的不同物候期进行合理施肥。核桃对养分敏感，如果施肥不平衡，就会造成枝梢木质化程度低，容易发生冻害；营养生长与生殖生长不平衡，光合产物累积少，输送能力差，空仁黑仁多，容易发生露仁现象，品质下降，产量降低。

（一）肥料种类

1. 基肥种类

基肥以有机肥为主，常见的有圈肥、绿肥、堆肥、油渣等。核桃树常用的有机肥料养分含量见表3-1。

2. 追肥种类

追肥以无机肥为主。无机肥又称矿质肥，是由矿藏的开采、加工，或者由工厂直接合成生产的，也有一些属于工业的副产物。无机肥料多具有以下特性。

表 3-1 核桃树常用有机肥料养分含量 %

肥料种类	水分	有机质	氮	磷	钾
一般堆肥	60～75	15～25	0.4～0.5	0.18～0.26	0.45～0.7
人粪尿	80	5～10	0.5～0.8	0.2～0.3	0.2～0.3
猪粪	74.2	25	0.45	0.19	0.60
羊粪	64.6	31.8	0.83	0.23	0.67
鸡粪	50.5	25.5	1.63	1.54	0.85
牛粪	83.3	14.5	0.32	0.25	0.16
紫云英	88		0.33	0.08	0.23
紫花苜蓿	83.3		0.54	0.14	0.40
绿豆	85.6		0.60	0.12	0.58

（1）养分含量较高，便于运输、储藏和施用，施用量少，肥效显著。

（2）营养成分比较单一：一般仅含一种或几种主要营养元素。施一种无机肥料会发生植物营养不平衡，产生“偏食”现象，应配合其他无机肥料施用。

（3）肥效迅速：一般 3～5 d 即可见效，但后效短。无机肥料多为水溶性或弱酸溶性，施用后很快转入土壤溶液，可直接被植物吸收利用，但也易造成流失。

适合核桃追肥的肥料主要有以下几类：

氮素肥料：尿素、碳酸氢铵、硝基氨、硫酸铵等。

磷素肥料：过磷酸钙、磷矿粉等。

钾素肥料：硫酸钾、草木灰等。

复合肥料：磷酸二铵、磷酸二氢钾、氮磷钾复合肥等。

3. 根外追肥

核桃树根外追肥常用的肥料和浓度见表 3-2。

表 3-2 根外追肥常用肥料和浓度 %

种类	浓度	养分含量	时期	作用
尿素	0.3～0.5	N 42～46	整个生长季	促进生长，提高产量
过磷酸钙	1.0～3.0（浸出液）	P_2O_5 16～18 $CaSO_4$ 18	蕾期——坐果期	促进花芽和果实发育
草木灰	2.0～4.0（浸出液）		果实生长期	提高果实品质
硫酸钾	0.3～0.5	K_2O 48～52	果实生长期	提高果实品质
磷酸二铵	0.3～0.5	N18	果实生长期	促进果实发育
磷酸二氢钾	0.3～0.5	P_2O_5 24 K_2O 27	果实生长期	促进果实发育，提高果实品质
硫酸锌	0.2～0.3	Zn 35～40	生长期	防止小叶病
硼酸	0.2～0.3	B 17	花期	促进坐果
硼砂	0.3～0.5	B 11	花期	促进坐果
硫酸亚铁	0.3～0.5	Fe 19～20	生长季	防止缺铁症

（二）核桃树需肥规律

1. 薄皮核桃树的需肥规律

基于合理实施果园养分管理的前提，以核桃为研究对象，对核桃树体各部位营养元素的累积、分布以及叶片叶绿素含量动态变化进行的研究结果表明：核桃树当年新生生物量主要由叶片和果实构成。成龄核桃树当年氮素吸收量主要在叶片和果仁中积累，分占年吸收氮量的41%和49%；磷素主要分布在果仁中，占年吸收磷量的56%，其次为叶片；钾素主要在核桃果皮中积累，占钾素总吸收量的66%。核桃年纯养分吸收量为氮磷钾比例为1∶0.3∶1，叶片叶绿素含量在核桃开花后随叶片生长逐渐增加，二者呈显著正相关。

核桃树每生产100 kg干果，需从土壤中吸取氮1.465 kg、磷0.187 kg、钾0.47 kg、钙0.155 kg、镁0.093 kg、锰0.031 kg。核桃对氮、磷、钾等常量元素消耗较多，其中以氮素最多。氮素供应不足，常是核桃生长结果不良的主要原因。因此应加强氮素肥料的施用，同时合理配施磷、钾肥。基肥施用以迟效性的有机肥为主。追肥要用速效性化肥，其中复合肥效果更好、养分更全面。

2. 果树营养元素盈亏与果园土壤类型的关系

氮：土壤中氮素的主要来源是有机质，因此，缺乏有机质的土壤和多雨地区的沙土最容易缺氮。氮素是果树整个生长周期都需要的营养元素，不论哪种土壤，如不使用氮肥都可能发生缺素。

磷：最常见的缺磷土壤有高度风化并呈酸性反应的土壤；石灰性土壤中磷含量可能很高，但对植物无效；泥炭和腐殖土多半需要施磷。另外，还有一些因素可以影响磷的有效性，如土壤温度低，磷的有效性就低；土壤温度高，对植物有效的磷就多；酸化石灰性土壤，或在土壤中施厩肥或有机质都会增加土壤中的有效磷。

钾：轻沙土中的钾易被淋洗，红壤土中的钾易被高度淋洗，这类土壤常出现缺钾现象；酸性土壤、泥炭和腐殖土等土壤易固定钾，如伊利石、蛭石。

（三）施肥量

核桃树施肥合理有利于核桃园丰产、稳产。核桃每年的生长、结实需要大量营养的供应，特别是建园初核桃幼树阶段，核桃处于生长旺盛时期。如果幼树发育不良，将直接导致盛果期的减产。在核桃树生长期，土壤肥料迅速被幼树吸收，而核桃树施肥不足，造成营养失调，削弱器官的生长发育，造成“小老树”。只有充分了解当地的土壤结构，合理施肥，不断补充土壤中核桃树急需的养分，才能满足其生长发育的需要。现代农业提倡的测土配方施肥可改善土壤的机械组成和土壤结构，有利于核桃幼树的根系发育，促进花芽分化，调节生长与结果的关系，使幼树提早结果。进入丰产期的核桃树合理施肥可保证果园稳产、丰产。

在新疆阿克苏地区核桃间作条件下，对不同树龄的早实核桃进行氮、磷、钾肥的配比试验，观察肥效对核桃生长及产量的作用效果，探索不同树龄早实核桃的施肥配比，为间作条件下早实核桃合理施肥提供依据。氮肥是促进6年生早实核桃树高、枝条生长的主要因素；磷、钾肥对6年及8年生核桃鲜、干果重及核仁重的影响较大（新疆农业科学院土肥研究所，梁智）。核桃树在一年的生长过程中，可分为两个阶段，即生长期和休眠期。生长期从春季萌动开始，经过展叶、开花、坐果、枝条生长、花芽的分化及形成、果实发育、成熟与采收，直至落叶结束；休眠期从落叶后开始到第二年春季芽萌动前为止。应根据核桃的不同物候期，进行合理施肥。

核桃树在不同物候期内营养分配中心不同。因此，核桃树的施肥应针对每一时期营养分配的特点进行。增施肥料应在发芽前、落花后、硬核期、采果后等关键时期施肥，其中发芽前、落花后施肥以氮肥为主，根据树冠大小、结果量的多少，施入尿素0.5～1.5 kg/株。硬核期应以磷酸二氢钾＋硫酸钾为主，株施1 kg左右，影响种仁饱满的主要因素有硬核期养分的供给及8月的气温（高温造成叶片光合作用受阻）。另外要注意增施肥料，促使核桃饱满。采果后施肥应以有机肥为主。

薄皮早实核桃开始结果早，为了确保树体与产量同步增长，施肥量应高于晚实核桃。核桃矮密丰产栽培应注意的问题：由于核桃进行矮化密植栽培后，单位面积枝叶生长量大，对土壤养分，水分的消耗量增加，因而要保证充足的肥水供给，以利高产薄皮核桃需肥情况。因树龄、树势、结果量及环境条件等的变化而不同，还与肥料种类、土壤条件、供肥状况有关。一般施入的肥料，并没有全部被核桃树吸收，一部分由于风吹日晒而分解挥发，一部分被浇水冲洗而流失，只有一部分被核桃树吸收利用。合理施肥量的确定应根据测土分析的结果，推算出核桃树每年从土壤中吸收各元素的数量，扣除土壤中可供给的量，再考虑肥料利用情况，其计算公式为：

$$施肥量=\frac{果树吸收元素总量-土壤供肥量}{肥料利用率}$$

$$肥料用量=\frac{目标产量\times单位产量养分吸收量\times(1-土壤养分贡献率)}{肥料当季利用率\times肥料养分含量}$$

根据近两年试验，阿克苏地区果园不同土壤间差异很大。果园土壤供肥力的平均值为氮 20%、磷 25%、钾 40%，肥料利用率受多种因素的影响，如肥料的特性、施肥时间和方法、气候条件等。不同果园之间差异也很大，平均值为氮肥 30%、磷肥 18%、钾肥 50%、有机肥 30%～40%（阿克苏地区农业局土肥站）。

新疆核桃园土壤肥力见表 3-3（各核桃产区略有不同，供参考）。

表 3-3　新疆核桃园土壤肥力

土壤养分	极低	低	中	高	极高
有机质/%	0.5 以下	0.5～1.0	1.0～2.0	2.0～2.5	2.5 以上
有效钙/（mg/kg）	100 以下	100～200	200～400	400～1 000	1 000 以上
有效镁/（mg/kg）	25 以下	25～50	50～100	100～250	250 以上
碱解氮/（mg/kg）	30 以下	30～50	50～70	70～90	90 以上
有效磷/（mg/kg）	10 以下	10～20	20～30	30～40	40 以上
有效钾/（mg/kg）	100 以下	100～150	150～210	210～250	250 以上
有效铁/（mg/kg）	2.5 以下	2.5～10.0	10～15	15～20	20 以上
有效锌/（mg/kg）	0.5 以下	0.5～1.0	1.0～2.0	2.0～3.0	3.0 以上
有效锰/（mg/kg）	2.0 以下	2.0～5.0	5.0～7.0	7.0～10.0	10.0 以上
有效硼/（mg/kg）	0.25 以下	0.25～1.0	1.0～2.0	2.0～3.0	3.0 以上

（四）施肥

1. 基肥

多以迟效性有机肥为主，可秋施也可春施，一般以秋施为好。

图 3-6 核桃修剪枝叶制作有机肥

秋季核桃果实采收后，树体内的养分被大量消耗，并且根系处于生长高峰，急需补充大量养分。在采收前后（8—9 月）施入为最佳时间。施肥以有机肥（图 3-6）为主，加入部分速效氮肥和磷肥为好。施基肥可采用环状施肥、放射状施肥或条状沟施肥等方法。以开沟深 40 cm 左右深施，结合秋季深翻改土施入最好。施肥时一定要注意全园普施、深施，最后冬灌灌足水分。

2. 追肥

追肥是为了满足树体在生长期急需的养分，特别是生长期中的几个关键需肥时期，而以施入速效性肥料为主。薄皮核桃全年生长中，开花坐果时期是需肥的关键时间。追肥的次数和时间与气候、土壤、树龄、树势诸多因素均有关系，宜少量多次。幼龄核桃树每年追肥 2 次，成年核桃树追肥 3 次为宜。

第一次追肥：早实核桃一般在雌花开放以前（4 月上中旬）施入。肥料以速效性氮肥为主，如磷酸氢氨、尿素或果树专用的复合肥料。施肥方法以放射状施肥、环状施肥、穴状施肥均可，深度 20 cm 左右。

第二次追肥：早实核桃开花后（5 月中下旬）施入。及时追施氮肥可减少落果，促进果实的发育和膨大，同时促进新梢生长和木质化形成。肥料以速效性氮肥为主，增施适量的磷肥（过磷酸钙、磷矿粉等）、钾肥（硫酸钾、氯化钾等）。施肥方法同第一次追肥。

第三次追肥：结果期核桃（6 月下旬）硬核后施入。肥料施入以磷肥和钾肥为主，适量施氮肥。施肥方法同第一次追肥。

早实薄皮核桃施肥量，可参照表 3-4。

表 3-4 核桃树施肥量标准

时期	树龄/年	每株树平均施肥量（有效成分）/g			有机肥/kg
		氮	磷	钾	
幼树期	1～3	50	20	20	5
	4～6	100	40	50	5
结果初期	7～10	200	100	100	10
	11～15	400	200	200	20
盛果期	16～20	600	400	400	30
	21～30	800	600	600	40
	>30	1 200	1 000	1 000	

3. 根外追肥

根外追肥可结合花期喷水进行，又叫叶面喷肥，可提高坐果率、防治病虫害。叶面喷肥主要通过叶片上的气孔和角质层吸收营养，一般喷后 15～60 min 即可被吸收利用。但吸收强度与叶龄、肥料成分及溶液浓度有关。一般喷施尿素等肥料浓度以 0.3%～0.5% 为宜，磷酸二氢钾 0.5%～1%，硼砂 0.1%～0.3%，最后一次叶面肥喷施在距果实采收期前 20 d 进行为宜。从叶片的吸收能力看，幼叶比老叶吸收快。幼叶生理机能旺盛，气孔所占比例大，并且幼叶具有较松散的海绵组织，细胞间隙大，有利于渗透或吸收。操作时应注意把叶背面喷匀喷到。叶面喷肥的最适温度为 18～25 ℃，夏季最好在 12 时前和 18 时后进行，以免气温过高，溶液浓缩快，影响喷肥效果，避免药害的发生。

一年生薄皮核桃树全年喷施 2～3 次，结合植保进行。前期（7 月中旬前）以氮肥（尿素）为主，后期以磷、钾肥（磷酸二氢钾）为主，同时可补施果树生长发育所需的微量元素肥料。用量为尿素

0.3%～0.5%，磷酸二氢钾 0.2%～0.3%。

二年生及以上的薄皮核桃树全年喷施 4～5 次，可与花期喷水和病虫害防治相结合。一般生长前期 2 次，以氮肥为主；后期 2～3 次，以磷、钾肥为主，同时可补施果树生长所需的微量元素肥料。用量为尿素 0.3%～0.5%，磷酸二氢钾 0.2%～0.3%，硼砂 0.1%～0.3%。

核桃树施肥量标准见表 3-4。

（五）施肥方法

核桃树施肥方法主要有土壤施肥和根外追肥两种。

1. 土壤施肥

土壤施肥必须与核桃树根系的分布相适应，要将肥料施在根系集中分布层内，以利于根系吸收。根系有趋肥性，因此有机肥应施在距根系集中分布层稍远、稍深处。成年树根深冠大，宜深施，范围宜大；幼树根系分布范围窄而浅，宜浅施。对于沙地、坡地或山地多雨地区，肥料在土壤中容易淋洗流失，应在需肥的关键时期施入。

核桃树的施肥还必须根据肥料种类和特点施用。有机肥属于长效肥料，分解慢，以深施为好。速效性的化肥肥效短，且易溶解，在土壤中渗透性强，一般宜做追肥浅施。化肥中氮肥在土壤中移动性较强，浅施能够渗透到根系密集层被吸收利用；磷肥在土壤中移动性差，且容易被固定转化成水不溶性的磷酸盐，不利于根系吸收，所以磷肥以深施到根系集中分布层最好；磷肥与有机肥混施比单施效果好。土壤施肥时应注意施肥方法每年要交替使用，在挖沟施肥时，要尽可能减少伤根，尤其是直径 0.5 cm 的根要加强保护。

施肥方法主要有沟施或穴施。目前，2～6 年生薄皮核桃树常采用的施肥方法有条沟施肥和穴状施肥。6 年以上核桃树可采用环状沟施肥法、放射沟施肥法和全园施肥法。

（1）条沟施肥:在核桃树行间或株间开沟施肥(图 3-7、图 3-8)，沟宽、深度为 30～50 cm。此法多用于成年密植核桃园。

图 3-7　秋季开沟施肥

图 3-8　施肥机

（2）穴状施肥：在树冠外围稍远处每隔 50 cm 左右，环状挖若干个宽、长各 30 cm 左右、深 20～30 cm 的穴，将肥料施入穴中。多用于成年树生长期追肥。

（3）环状沟施肥:也叫轮状沟施肥。在树冠外围稍远处挖宽 30～50 cm,深 40 cm 左右的环状沟施肥。将有机肥与表土混合，施入沟内，其上盖一层土。环状施肥易切断水平根，为避免伤根过多，可将环状沟中断为 3～4 个沟。此法多用于幼树施基肥。

（4）放射沟施肥：在树冠下，幼树即主干为中心，从距主干 50 cm 处向外挖 4～6 条沟施肥。沟宽、深度 30～50 cm，以不伤大根为宜，长 0.8～1 m，将肥料与表土混合施入沟底，将沟填平覆土。大树可将放射沟与环状沟结合使用，使根系分布范围内有较多的养分。此法适合盛果期核桃园施基肥。

（5）全园施肥：将肥料撒于树盘、行间。生草条件下，把肥料撒在草上即可。全园施肥后配合灌溉，肥料利用率高。这种方法施肥面积大，利于根系吸收，适合于成年树、密植树、纯核桃园、核桃间作地区。如结合灌水追施速效性氮肥时可使用此法。

（6）冲施肥：冲施肥是一种随浇灌而施用的肥料。冲施肥既可以是大中量元素肥料（如 N、P、K、Ca、Mg 等），还可以是微量元素肥料（如 Zn、Mn、Fe、Mo、Cu、B 等）。由于具有使用简便、作物易吸收、肥效好等突出优点，受到广大种植户的欢迎。近年来冲施肥的研制开发、使用推广等方面发展很快，特别在密植薄皮核桃园已得到了大面积应用，取得了良好的经济效益和社会效益。

冲施肥的品种类型从物理性状上分，可分为液体桶装和固体粉末袋装两种。从化学性状及营养成分上可分为三种：一是无机类型的，如磷酸二氢钾、尿素、高钙型、高钾型等；二是有机类型的，如氨基酸型、腐殖酸海洋生物型等；三是微生物类型的，如酵素菌型等。

还有一种新近市场上出现的、广受欢迎的复配制新型冲施肥。这种新型复配制冲施肥可分为两类：一类是将有机、无机、生物等原材料，经科学加工、复配在一起而生产的复合型制剂；另一类是将有机和无机材料科学配制而成的有机无机液态复合冲施肥。这些新型复配制冲施肥的突出优点是：集有机肥的长效、无机（化肥）肥的速效、生物肥的稳效、微生物肥的增效于一体，是一种高效力复混肥，使用这种肥料即可满足作物对多种营养元素的需求。

2. 根外追肥

根外追肥的肥料种类、浓度、喷肥时间主要依土壤状况、树体营养水平具体而定。常用的原则是：生长期前期浓度可高些。在缺水少肥地区次数应多。根外施肥宜在上午 8～10 时或下午 4 时以后进行，阴雨或大风天气不宜进行。喷肥 15 min 之后如遇下雨，最好在天晴以后补施一遍。合理的根外追肥可以提高坐果率，促进果实增大，增进品质，充实枝条，增强抗性等。根外追肥简单易行，用肥少，既可满足树体对营养元素的急需，又可避免某些元素在土壤中被固定；不受树体营养中心的影响，营养可以就近分配利用，核桃树的中小枝和下部的枝条都可以得到营养；吸收利用快，在矫治缺素症方面具有立竿见影的效果。

根外追肥又叫叶面喷肥，是土壤施肥的一种辅助性措施，即用喷雾工具把叶面肥直接喷洒到核桃树的茎叶，从而提高果实质量和数量的施肥方法。此法利用了核桃树上部，包括茎、叶、果皮等器官能直接吸收养分的特性，具有直接性和速效性等优点。一般喷肥后 15～60 min，树体便可以吸收利用。特别是在遇到自然灾害或突发性缺素症时，或者为了补充极易被土壤固定的元素时，通过叶面喷肥，可以及时挽回损失。因此，叶面喷肥成本低、操作简单、肥料利用率高、效果好，是一种经济有效的施肥方式。花期喷硼，可以提高坐果率。5～6 月喷硫酸亚铁，可以使树体叶片变得肥厚，增加光合作用。7～8 月喷硫酸钾，可以有效地提高核桃仁的品质。

（六）核桃树缺素症和防治方法

1. 营养诊断

（1）氮：缺氮时植株生长不良，叶面积小，落花落果严重，新梢生长量小，树势衰弱，寿命较短；如果含氮过多，则枝叶旺长，落花落果严重，产量也低，树体休眠延迟，抗性差。

（2）磷：缺磷时树体一般很衰弱，叶子稀疏，叶片出现不规则的黄化，落叶提前，果实发育不良，产量降低，果实含糖量减少，对不良环境的抵抗力弱。

（3）钾：缺钾时，开始叶片变灰白，然后小叶叶缘呈波状内卷，叶背呈淡灰色，叶子和新梢生长量降低，如果缺钾严重，叶片边缘出现焦枯状褐斑。

(4) 钙：缺钙时，叶片小，扭曲，叶缘变形，并经常出现斑点或坏死，花朵萎缩，枝条枯死，根系生长粗短弯曲，甚至形成根癌病，造成植株死亡。

(5) 硼：缺硼时树体生长缓慢，枝条纤细，节间变短，小叶呈不规则状，花序小，落花落果严重。

(6) 镁：缺镁大叶上有黄褐色斑点，中间叶脉失绿变黄。

(7) 锰：缺锰新叶脉间失绿。

(8) 锌：缺锌小叶新梢先端黄化，全叶脉间失绿呈坏死斑点。

(9) 铁：缺铁幼嫩叶脉间失绿发白，但叶脉仍绿。

(10) 铜：缺铜叶尖变白，叶细而扭曲。

核桃的营养元素及其较适合的浓度见表 3-5。

表 3-5 核桃的营养元素及其较适合的浓度

营养元素		植物可利用的形态	在干组织中的含量/%
大量营养元素	碳（C）	CO_2	45
	氧（O）	H_2O	45
	氢（H）	H_2O	6
	氮（N）	NO_3^-；NH_4^+	5
	钾（K）	K^+	1.0
微量营养元素	钙（Ca）	Ca^{2+}	0.5
	镁（Mg）	Mg^{2+}	0.2
	磷（P）	$H_2PO_4^-$；HPO_4^{2-}	0.2
	硫（S）	SO_4^{2-}	0.1
	氯（Cl）	Cl^-	0.01
	铁（Fe）	Fe^{3+}；Fe^{2+}	0.01
	锰（Mn）	Mn^{2+}	0.005
	硼（B）	BO_3^{3-}；$B_4O_7^{2-}$	0.002
	锌（Zn）	Zn^{2+}	0.002
	铜（Cu）	Cu^{2+}；Cu^+	0.000 6
	钼（Mo）	MoO_3	0.000 01

2. 缺素防治方法

核桃树缺素症虽时有发生，但只要防治得法，才可避免危害。生产上主要采取根施和叶面喷肥的方法进行防治。秋冬季节结合基肥施入一定量的微量元素肥料对核桃树缺素症有良好的防治效果，且持续时间长。根据缺素症状在秋冬施基肥时，把所缺微肥与有机肥混合均匀后施入树下，施肥后及时浇水，以便根系尽早恢复吸收功能，提高树体的储存量。对于生长季节表现缺素症状的核桃树可以叶面喷施微肥，及早消除或减轻缺素对核桃树的影响。具体方法如下。

（1）缺氮：土壤瘠薄，管理粗放，缺肥和杂草多的果园，易表现缺氮症。通常生产上施用尿素和硝酸盐氮肥加以补充。如在雨季和秋梢迅速生长期，树体需要大量氮素，而此时土壤中氮素很容易流失，可用0.5%～0.8%尿素溶液喷施树冠。

（2）缺磷：果园缺磷包括土壤中含磷量少和土壤中缺乏有效磷两种情况。在土壤含钙量多或酸度较高时，土中磷素被固定，不能被果树吸收，从而造成缺磷。另外，在疏松的沙土有机质多的土壤上，常有缺磷现象发生。对缺磷果树，应多施颗粒磷肥或与堆肥、厩肥混施，也可于展叶后叶面喷施3%～5%的过磷酸钙浸出液。

（3）缺钾：在细沙土、酸性土以及有机质少的土壤中，易表现缺钾症。为避免缺钾，应增施有机肥，如厩肥和农家肥。缺钾果树于6—7月追施钾肥（如草木灰、硝酸钾、磷酸二氢钾、氯化钾、硫酸钾等）后，叶片和果实都能逐渐恢复正常；生长期发现果树缺钾，及时用3%～10%草木灰浸出液喷施叶面，也有良好效果。

（4）缺钙：当土壤酸度较高时，钙很快流失，导致果树缺钙。另外，前期干旱而后期大量灌水，或偏施、多施速效氮肥，特别是生长后期偏施氮肥，均会降低果实钙的含量，从而加重露仁的发生。为防治核桃树缺钙，应增施有机肥和绿肥，改良土壤，早春注意灌水，施用适量的氮肥和重过磷酸钙，促进植株对钙的吸收。

（5）缺锌：在沙地、瘠薄地或土壤冲刷较重的果园中，土壤含锌盐少且易流失，而在碱性土壤中锌盐常转化为难溶状态，不易被植物吸收。另外，土壤过湿，通气不好，降低根吸收锌的能力，这些情况都可以引起果树发生缺锌症。对缺锌果树，可在发芽前3～5周，结合施基肥施入一定量的锌肥。在树下挖放射状沟，每株成年结果树施50％硫酸锌1～1.5 kg或0.5～1 kg锌铁混合肥。第二年即可见效，持效期较长，但在碱性土壤上无效。在萌芽前喷2％～3％、展叶期喷0.1％～0.2％、秋季落叶前喷0.3％～0.5％的硫酸锌溶液，重病树连续喷2～3年。

（6）缺硼：河滩沙地或沙砾地果园，土壤中的硼和盐类易流失，易发生缺硼症。另外，土壤过干、盐碱或过酸，化学氮肥过多时也能造成缺硼。对于缺硼果树，可于秋季或春季开花前结合施基肥，施入硼砂或硼酸。施肥量因树体大小而异，每株大树施硼砂150～200 g，小树施硼砂50～100 g，用量不可过多，施肥后及时灌水，防止产生肥害。根施效果可维持2～3年。也可喷施，在开花前、开花期和落花后各喷一次0.3％～0.5％的硼砂溶液。溶液浓度发芽前为1％～2％，萌芽至花期为0.3％～0.5％。碱性强的土壤硼砂易被钙固定，采用此法效果好。

（7）缺铁：果树缺铁的原因比较复杂，一般土壤中并不缺铁，只是由于土壤碱性过大，有机质过少，土壤不通透或土壤盐渍化等原因，使表土含盐量增加，土壤中可以吸收的铁元素变成了不能吸收的铁元素。防治黄叶病，应先注意改良土壤，排涝，通气和降低盐碱。春季干旱时，注意灌水压碱，低洼地要及时排除盐水；增施有机肥料，树下间作豆科绿肥，以增加土中腐殖质，改良土壤。发病严重的树发芽前可喷 0.3%～0.5%硫酸亚铁溶液，或在果树中、短枝顶部 1～3 片叶失绿时，喷 0.5%尿素+0.3%硫酸亚铁，每隔 10～15 d 喷一次，连喷 2～3 次，效果显著。对缺铁果树，也可结合深翻施入有机肥，适量加入硫酸亚铁，但切忌在生长期施用，以免产生肥害。

(8) 缺镁：在酸性土壤或沙质土壤中镁容易流失,常会引起缺镁症。轻度缺镁果园,可在 6—7 月叶面喷施 1%～2%硫酸镁溶液 2～3 次。缺镁较重果园可把硫酸镁混入有机肥中根施,每亩施镁肥 1～1.5 kg。在酸性土壤中,为了中和土壤中酸度可施镁石灰或碳酸镁。

(9) 缺锰：果园可在土壤中施入氧化锰和硫酸锰等，最好结合施有机肥分期施入，一般每亩施氧化锰 0.5～1.5 kg，硫酸锰 2～5 kg。也可叶面喷施 0.2%～0.3%硫酸锰，喷施时可加入半量或等量石灰，以免发生肥害，也可结合喷施波尔多液或石硫合剂等。

三、灌水

核桃在生长发育过程中对水分依赖是较大的，如苗木在进行光合作用的时候需要充足的水分才能完成物质的转换。新疆核桃主栽地区干旱少雨且风沙大，对苗木的生长起到严重的抑制作用。因此，为了维持核桃生长发育过程中对水分的需求，要对苗木进行适宜的灌溉。核桃园灌水的时间有四个重要时期，分别为早春水、生长水、补给水、封冻水。

(一) 核桃的需水特性

核桃对空气的干燥度不敏感，但却对土壤的水分状况比较敏感。在长期晴朗干燥的天气、充足的日照和较大的昼夜温差条件下，只要有良好的灌溉条件，就能促进核桃大量开花结实，并提高果仁品质和产量。核桃幼龄期树生长季节前期干旱、后期多雨，枝条易徒长，造成越冬抽条；土壤水分过多，通气不良，根系的呼吸作用受阻，严重时使根系窒息，影响树体生长发育。土壤过旱或过湿均对核桃的生长和结实状况产生不良的影响。因此，根据核桃树的代谢活动规律，科学灌水和排水，才能保证树体的根、枝、叶、花、果的正常分化和生长，达到核桃优质高效生产的目的。

一年当中，树体的需水规律与器官的生长发育状况是密切相关的。关键时期缺水，会产生各种生理病害，影响核桃树体正常生长发育和结实。因此，要通过灌水来保证核桃生长发育的需要。但灌水的时间、次数及灌水量应根据天气、树龄、树冠大小、树体反应、土壤质地、土壤湿度和灌水方法确定。一般认为，当田间最大持水量低于60%时，容易出现叶片萎蔫，果实空壳，产量下降等问题，应及时进行灌水。

（二）浇水时期

核桃属于生长期需较多水分的树种。一般情况下，年降水量在600～800 mm，月降水量分布均匀的地区，可满足核桃生长发育的需要，不需要灌水。但在降水量不足或年分布不均的地区，就要通过灌水措施补充水分。

具体灌水时期应根据当地的物候期来确定。以下是核桃生长发育过程中几个需水关键时期，如果缺水，需要通过灌溉及时补充水分。

1. 春季萌芽开花期

此期（3—4 月）要完成萌芽、抽枝、展叶和开花等过程，树体需水较多。此期如果缺水，就会严重影响新根生长、萌芽的质量、抽枝快慢和开花的整齐度。因此，每年要灌透萌芽水。

2. 开花后

此期（5—6 月）雌花受精后，果实进入迅速生长期，占全年生长期的80%以上。同时，雌花芽的分化已经开始，是全年需水的关键时期。干旱时，要灌透花后水。

3. 花芽分化期

此期（6—8月）核仁的发育刚开始，并且急剧而迅速，同时花芽的分化也正处于高峰时期。需要进行灌水，如遇长期高温干旱的年份，需要灌足水分。

4. 果实硬壳水

一般7—8月的高温，会影响核桃的发育，出现半仁或空壳，在此期如果出现高温天气，应采用浇水或树盘覆草的方法，降低地温，使枝梢生长速度趋缓，以利核仁生长。

5. 封冻水

10月下旬至落叶前，树体需要进行调整，应结合秋施基肥灌足封冻水。一方面，可使土壤保持良好的墒情；另一方面，此期灌水能加速秋施肥快速分解，有利于树体吸收更多的养分并进行储藏和积累，提高树体新枝的抗寒性。

（三）确定标准灌水量

最适宜的灌水量，应在一次灌溉中能使核桃根系分布范围内的土壤湿度达到最有利于生长发育的程度，若只浸润表层或上层根系分布不能达到灌水的要求，并且，由于多次补充灌溉，容易引起土壤板结。因此，必须一次灌透。对于灌水量的计算方法有多种，这里只介绍一种比较常用的方法。根据不同土壤的持水量，即根据灌溉前的土壤湿度、土壤容重、要求土壤浸湿的深度，计算一定面积的灌水量，公式如下：

灌水量＝灌水面积×土壤浸湿深度×土壤容重×（田间持水量－灌溉前土壤湿度）

假设要灌溉 1 hm^2 核桃园，使 1 m 深度的土壤湿度达到田间持水量(23%)，该土壤容重为 1.25，灌溉前根系分布层的土壤湿度为 15%。按上述公式计算，1 hm^2 灌水量＝10 000×1×1.25×(0.23－0.15)＝1 000 m^3。灌溉前的土壤湿度，在每次灌水前均需测定，田间持水量、土壤容重、土壤浸湿深度等项，可数年测定 1 次。许多种植户可根据自己的种植经验进行灌水。

在阿克苏地区，温 185 树龄 9 年生，树高 6～7 m，株行距 3 m×6 m，冠辐 5～5.5 m。渠水灌溉，生育期灌溉 5～7 次，每次灌水 100 m^3/亩，生育期灌水量为 500～700 m^3/亩。

（四）灌水方法

随着农业现代化的发展，灌水方法也越来越科学化、集约化，不但节约用水，而且提高了肥料的利用率。生产上，薄皮核桃常用的灌溉方法有漫灌、沟灌、微灌、喷灌、滴灌、膜下滴灌等。目前，有条件的核桃园提倡使用滴灌技术。

1. 漫灌

核桃树全园浇水，不分树盘和行间全部进行浇水。

2. 沟灌

在核桃园行间开深 20～50 cm、宽 30～50 cm 的灌溉沟，或利用核桃树保护带，将水引入，进行灌溉。沟灌法的优点是，湿润土壤均匀，水量损失小，可以减少土壤板结和对土壤结构的破坏，土壤通气良好，有利于土壤微生物的活动。同时，果树的根系有明显的趋水性，有利于引导果树根系向行间发育，扩大果树的营养吸收范围，有利于果树的生长。因此，沟灌是核桃园较合理而又节水的一种地面灌水方法。

3. 喷灌

在水源附近设置水泵，通过埋在地下的输水干管、支管和毛管进行灌溉的方法。喷灌设计管道时要考虑有一定的压力，以便把灌溉水通过管道送达喷头，形成水滴喷洒。设置喷灌还要考虑水质，含盐量大于0.3％～0.5％的水源不能作为喷灌用水。喷灌有显著的节水，省工，占地面积小，不受地形限制，灌水均匀等优点，但在大风、高温天气下不能喷洒均匀，有蒸发损失较大等缺点。还有喷灌设施的投资比一般的地面灌水方法投资要高。

4. 膜下滴灌

顾名思义，是在膜下应用滴灌技术（图3-9）。即在滴灌带或滴灌毛管上覆盖一层地膜。这种技术是通过可控管道系统供水，将加压的水经过过滤设施滤“清”后，和水溶性肥料充分融合，形成肥水溶液，进入输水干管—支管—毛管（铺设在地膜下方的灌溉带），再由毛管上的滴水器一滴一滴地均匀、定时、定量浸润作物根系发育区，供根系吸收。将滴灌管放在膜下，或利用毛管通过膜上小孔进行灌溉，这称作膜下灌。这种灌溉方式既具有滴灌的优点，又具

图3-9　地布覆盖下灌水

有地膜覆盖的优点，节水增产效果更好。

5. 滴灌

在干旱缺水的地区，栽植薄皮核桃时，在幼树期可进行滴灌。在滴灌时可结合水溶性肥料进行施肥。在滴灌施肥时，先滴 1 h 的清水，再滴 3～4 h 的肥水，然后再滴 1 h 的清水。

案例　新疆阿克苏核桃土、肥、水管理措施

一、土壤管理

（一）幼龄园的土壤管理

幼龄园的土壤管理在定植后的五六年内，为了促使苗木的生长发育，应扩盘深翻、松土除草使苗木快速生长。苗木在定植的二三年后，逐年向外深翻扩大栽植坑，直至株间全部翻遍为止。每次深翻时应结合施入腐熟的有机肥料。每年秋季对土壤进行深耕，以增加土壤的透气性和保墒能力。幼龄园间作不仅可以增加生物多样性以维持生态平衡，还可以增加农户的经济收入，补偿早期的投入，在保证透风良好的情况下，幼龄园间作豆类、薯类以及蔬菜等效果较好，但是不宜种植高秆作物。

（二）成龄园的土壤管理

土壤翻耕是改良成龄园土壤的重要措施之一，翻耕可以改善土壤的生态环境、改良土壤的结构、提高土壤的保水能力以及减少病虫害的产生，每年的翻耕土壤可以使根系向更深土层发育，土壤的

透气性得到改善，使得苗木的根系生长健壮。土壤翻耕的方法有两种，一种是深耕，另一种是浅耕。深耕法适用于面积广阔的平地核桃园，其具体的方法为每年沿着须根的位置向外延伸 40～50 cm，深度为 60 cm 为佳，并围绕树干挖一个半圆形的沟，将表层土与深层土的位置调换。深翻的时间一般在深秋或者初冬并结合肥料的施加。浅耕法适用于土壤条件较好或者深耕有困难的地方，浅耕的时间一般为春季和秋季，次数为 1～2 次，深度为 20～30 cm，以着树干为中心，在 2～3 m 半径范围内进行即可。

二、施肥

（一）秋施基肥

秋施基肥的目的在于增加树体的储藏营养，满足第二年萌芽、花芽分化、开花坐果的需要。应争取早施基肥，以核桃采收前施入基肥为好，一般在 8—9 月中下旬。此时，叶片仍有较高的光合效能，且根系活动旺盛，昼夜温差较大，有利于有机营养的积累。

不同树龄核桃地施基肥时间和施肥量见表 3-6。

表 3-6　不同树龄核桃地施基肥时间和施肥量

树龄	施基肥时间	基肥施用量
1～3 年生	9 月中下旬	株施腐熟农家肥 5～15 kg－尿素 0.15～0.2 kg＋二胺 0.1～0.15 kg
4～7 年生	8～9 月中下旬	株施腐熟农家肥 30～50 kg＋二胺 0.15～0.20 kg＋硫酸钾（含量 50%）0.1～0.15 kg
8 年以上	8～9 月中下旬	株施腐熟有机肥 80～120 kg＋二胺 0.4～0.5 kg＋硫酸钾（含量 50%）0.15～0.2 kg

（二）追肥

有条件的核桃园提倡进行测土配方施肥。不同树龄核桃地追肥时间和施肥量见表 3-7。

表 3-7　不同树龄核桃地追肥时间和施肥量

树龄	追肥时间	追肥施用量
1～3 年生	萌芽肥（3 月下旬）	株施尿素 0.25～0.30 kg＋二胺 0.1～0.15 kg
	5 月上中旬	株施尿素 0.15～0.2 kg＋二胺 0.2～0.25 kg、硫酸钾（含量 50％）0.2～0.25 kg
	7 月上中旬	三年生核桃株施二胺 0.1 kg，1～2 年生可不施
4～7 年生	萌芽肥（3 月下旬）	株施尿素 0.3～0.4 kg＋二胺 0.15～0.3 kg
	5 月上中旬	株施尿素 0.25～0.3 kg＋二胺 0.25～0.35 kg＋硫酸钾（含量 50％）0.25～0.3 kg
	7 月上中旬	株施二胺 0.25～0.35 kg＋硫酸钾（含量 50％）0.25～0.3 kg
8 年以上	花前肥（3 月下旬）	株施尿素 0.6～0.7 kg＋二胺 0.6～0.7 kg＋硫酸钾（含量 50％）0.15～0.2 kg
	促果肥（5 月上中旬）	株施尿素 0.3～0.4 kg＋二胺 0.8～1.2 kg＋硫酸钾（含量 50％）0.3～0.5 kg
	壮树肥（7 月中旬）	株施二胺 0.8～1.2 kg＋硫酸钾（含量 50％）0.3～0.5 kg

（三）叶面追肥

为增强树体光合强度，喷施速效氮肥（尿素 0.5％～1.0％），配以适量磷钾肥（磷酸二氢钾 0.3％～0.5％）。花期喷施硼肥（硼砂、硼酸 0.2％～0.5％），可提高坐果率。果树生长后期喷施磷钾肥，可提高果实品质。一般在开花期（5 月上旬）、新梢速长期（6 月上旬）、花芽分化期（6 月中下旬至 7 月上旬）进行。

三、灌水

核桃一般灌“五水”，即 3 次追肥后、果实硬壳期和冬灌的 5 次水。第一次（3 月下旬），结合萌芽肥进行；第二次（5 月下旬至 6

月上旬），结合促果肥进行；第三次（7月上旬），结合第三次追肥进行；第四次（7—8月）果实硬壳期，要灌一次透水，对成龄树8月下旬视墒情进行灌水，8月25日以后对所有幼树严格控制肥水；第五次，10月中下旬冬灌水，10月30日前完成。每次追肥、灌水后，及时中耕松土除草。

第二节　省力化整形修剪

省力化整形修剪是通过机械和人工操作，选择合适的枝条留下，培养和调整树体主干与骨干枝，使树冠具有良好的通风透光条件，树木能够更好地进行光合作用，树木能够健康茁壮生长，形成良好的树形，从而达到园区的丰产、早产、优质以及高效的目的。与国内其他地区核桃种植在山区丘陵地带不同，新疆核桃多种植在土壤、灌溉、防护林、交通等条件都比较优越的田地中，非常适宜机械化栽培管理。

一、整形修剪的原则和依据

（一）整形修剪的作用

在核桃生长的不同阶段，整形修剪所要解决的问题和采取的方法有所不同。幼龄期和结果初期，核桃整形修剪的目的是培养牢固的树冠骨架和丰产树形，有效地控制主枝和侧枝在空间的合理配置，调节生长和结果的关系，为促进幼树早结果、早丰产奠定基础。在盛果期则要通过适当的修剪，维持树势健壮生长与结果的相对平衡，在保证稳产高产的基础上，最大限度地延长盛果期年限。

（二）整形修剪的原则

核桃树整形修剪要根据树体特点和生长发育规律以及栽培管理的具体情况，通过修剪的方法，培养和调整骨干枝，以便形成良好的树体结构，担负较高的产量，树冠内各类枝条都有充分生长的空间。合理地解决株间和树内光照，创造早果、高产、稳产、优质的地上部条件。

（三）整形修剪的依据

1. 品种的生长结果习性

整形修剪只有与品种的生长结果习性相适应，才能达到立体结果、高产优质的目的。其中品种的萌芽力和成枝力情况是修剪的重要依据之一。温 185、新新 2 号和新早丰等早实核桃成枝力较强，容易造成枝叶过密，修剪时注意多疏少截，减少枝量，达到透风透光、增加光合作用的目的，以提高产量。

2. 自然条件和栽培管理水平

同一品种在不同的自然条件下，生长结果及生理活动均有所不同。在土层较薄、肥力较低的地方，树体较矮小，生长量也较小，稍重的修剪不致引起树势过旺。

栽植密度和方式不同对整形修剪的要求也不同。在密植的情况下，宜采用小冠矮树形的修剪方法，减少分枝级次，少留骨干枝，早期多采取撑、拉、掰、吊的办法，使树冠开张，削弱骨干枝的生长势，以利早果和丰产。

3. 树体情况

核桃树由于本身和环境条件的共同作用，单株之间在生长和结果方面存在差异，这种差异也是整形修剪的依据之一。修剪时应从树势的强弱、树体结构和骨干枝的配置、结果枝组的培养利用和分布、花芽的多少与质量、结果枝和营养枝的比例等方面观察和分析，以制订合理的修剪方案和正确的修剪。

二、整形修剪的时期

由于核桃枝条髓心组织大，皮层输导组织丰富，核桃在休眠期修剪有伤流，这有别于其他果树。为了避免伤流损失树体营养，长期以来，核桃树的整形修剪习惯多在春季萌芽后（春剪）和采收后至落叶前（秋剪）进行。近年来，部分省份的经济林研究单位有针对性地对核桃冬剪的不同时间开展了试验，结果表明，核桃冬剪不仅对生长和结果没有不良影响，而其在新梢生长量、坐果率、树体主要营养水平等方面都优于春、秋修剪。试验认为，休眠期修剪主要是水分和少量矿物质营养的损失，而秋剪有光合作用和叶片营养尚未回流的损失，春剪有呼吸消耗和新器官形成的损失，相比之下，春剪营养损失最多，秋剪次之，休眠期修剪损失最少。目前由于我区气候自然条件特性，幼树多采用萌芽前修剪，丰产树采用采果后落叶前修剪。

三、核桃的主要修剪方法

核桃整形修剪是调节树体与环境动态平衡的关系、平衡树体个体与群体之间的结构，从而更加有效利用空间，创造更多的经济价值。并通过调节核桃地上部分与地下部分的动态平衡、调节营养生长与生殖生长的关系，从而达到核桃的早实、丰产以及高效等益处，用最低的成本获取更多价值。整形的时间一般为冬季休眠期修剪和夏季修剪，冬季修剪对核桃生长和结果没有影响，对后期新梢生长、坐果率和树体的主要营养物质起到促进作用；夏季修剪是对树木生长期的修剪，通常在5—7月进行，用摘心来控制竞争枝，调节生长和结果的矛盾，使树体具有良好的通风条件，能够保证幼树的茁壮成长。而核桃整形修剪主要技术有截、缩、疏、放、刻等方法。

（一）短截

短截是指对一年生枝条进行剪截或者剪去一年枝条的一部分。通过短截促进新梢的生长、增加分枝、调节新梢的生长势，同时改变了剪口芽的顶端优势。短截进行部位一般为一、二级侧面抽生的发育枝，修剪后可以使当年生强枝萌芽1～3个长枝，中庸枝萌芽1～3个短枝，弱枝萌芽成细小枝，从而培养树形和主枝。

（二）回缩

回缩是指对二年生的枝条进行剪截，一般剪去枝条大于1/2的部分，可以促进局部枝条的生长、更新以及复壮复强枝和整个树体。回缩后可以使旺树回缩易促发更旺枝，光腿枝年界轮痕以上回缩可以萌发3～5个中庸枝，从而使盛果期树维持强劲的树势，达到丰产、高效的目的。

（三）疏枝

疏枝是指将无用、多余的枝条从基部剪除，通过疏枝去除多余的雄花枝、病弱枝、干枯枝、交叉枝以及重叠枝，从而改善树体的光照条件，增加营养物质的分配，有利于枝条的生长以及组织的成熟。疏剪后会防止倒拉头交叉枝，疏除弱势雄花枝，节约养分，以增加产量，获得较高经济效益。

（四）长放

长放即对枝条不进行任何的剪截，通过长放，使得枝条长势缓慢，抑制生长早，从而增加中短枝量，积累营养物质和花芽分化，增强树势。长放可以使较壮水平枝萌生5～6个中庸枝，培养良好的结果枝组，促进根部的生长，增加产量。

（五）刻伤

针对10年以上结果较少的核桃树，主要用刀刻伤主干基部高1 m范围内的树皮，刻伤深度至木质部，从而切断树上的疏导组织，促进营养物质积累以形成花果枝，增强树势，提高产量。

四、核桃的主要树形及培养

（一）核桃主要树形

新疆核桃栽培的主要适宜树形有疏散分层形和自然开心形2种。

疏散分层形（图3-10）适用于农林间作和立地条件好的中密度核桃园，该树形有明显的中央领导干，一般主干高4～5 m，有6～7个主枝，分2～3层配置。第一层主枝3个，水平夹角约为120°，主枝的基角为60°～80°，层内距不小于20 cm。每主枝配置侧枝3～4个。第二层主枝有2个，每个主枝配置侧枝2～3个。第三层主枝1～2个，每主枝配置侧枝1个。疏散分层形最大的特点是树冠大、骨架牢固、通风透光、寿命长、产量高以及负载量大。但是该树形也有缺陷，如树形骨架大，枝大且分级多就会出现层间距、枝间距不合理、内膛易光秃等问题，因此在整形修剪时应注意层间距离。一般情况下第一侧枝距主枝基部的距离为：

图3-10　核桃疏散分层形树形

晚实品种为50～80 cm，早实品种为30～50 cm。第二层与第一层的间距为1～1.5 m，第三层与第二层的间距为0.8～1 m，晚实品种层间距大于早实品种。

自然开心形（图3-11）适用于立地条件差、土壤贫瘠和肥水条件不良的地区。该树形无中央领导干，也称为无主干形。一般干高1～1.5 m，有3～4个主枝。相邻主枝间水平夹角应相近，开张角度为60°～70°，主枝选留一级侧枝，每个主枝留3～4个侧枝，侧枝间错生分布均匀。该树形的特点为通风透光良好，树形形成快，结果早，整形容易和便于掌握。第一层侧枝距主干基部的距离为：晚实品种为60～80 cm，早实品种为40 cm，一级侧枝着生二级侧枝。

图3-11　核桃开心形树形

（二）培养树形

核桃在幼树阶段生长较快、分枝能力强、结果早，易抽发二次枝，造成树形混乱，不利于正常的生长结果。因此，合理的整形修剪对幼树的生长、促进结果、丰产和稳产有着重要意义。

1. 疏散分层形的树形培养

在栽植的第二年，留选第一层主枝和主干延长枝；第三年时，选留主枝上的1～2个枝条作为一级侧枝，并选取第二层主枝2个；第四年时，培养第一层主枝上的第二或者第三侧枝，保留第三层主枝；第五年，留取第二层主枝上的第二侧枝和第三主枝上的侧枝。具体的整形措施：对于过强的骨干枝，需要加大基角或者疏散过旺枝，尤其是控制竞争枝、直立枝；对于多余的大枝进行疏除或者回缩，保留中小型枝组，从而协调主从关系；调节并保留各级侧枝和大、中型结果枝组的方位，更新大枝的着生位置以背斜为佳，充分利用空间；对于生长势弱的骨干枝，要抬高角度，保持生长势；对于内膛的各级大枝的下垂枝进行适当的疏除，夏季摘心，控制生长；对于上部干性弱的，在中心干上多留辅养枝；在夏季及时修剪对影响光照的密集枝、重叠枝。

2. 自然开心形的培养

在栽植的第二年，按照不同的方位选留主枝 3～4 个；栽植的第三年，在各主枝上选留一级侧枝，各主枝上的侧枝错生且均匀分布；在栽植的第四年，在第一主枝的一级侧枝上选留二级侧枝 1～2 个，第三主枝的一级侧枝上选留二级侧枝 2～3 个。核桃幼树生长迅速，树冠形成早，一般培养树形需要一级侧枝上选取的二级侧枝，用其培养结果枝组。自然开心形中普遍存在的问题是枝过密、枝重叠、直立枝多。因此，在树形调整中，需要对枝进行逐年疏除，开张保留骨干枝角度或者人工变向。经过 2～3 个生长期的改造，使其树冠保留 7～8 个大枝，疏除背上大枝和直立枝，防止结果部位的外移，产量的降低。

五、修剪技术

（一）背后枝的处理

按乔化树顶端优势的原理，同一母枝上顶部枝的生长量较大。而核桃树倾斜着生的骨干枝背后的枝，其生长势多强于原骨干枝头，产生背后枝比母枝既粗又长的“倒拉”现象，甚至造成原枝头枯死。对于这类枝，一般是在抽生的初期剪除。如果原母枝已经变弱，则可用背后枝代替原枝，将原枝剪除或培养成结果枝组，但必须注意抬高其枝头角度，以防下垂。

（二）徒长枝的利用

徒长枝多是由潜伏芽抽生而成，有时因局部刺激，也能使中长枝抽生出徒长枝。徒长枝生长速度快，生长量大，消耗营养多，如放任生长不加修剪，会扰乱树形，影响通风透光。如果树冠内枝量足够，应及早将徒长枝剪除。如果徒长枝处有空间，或其附近结果枝组已经衰弱，则可利用徒长枝培养成结果枝组，以填补空间或更替衰弱的结果枝组。培养树形的方法：一是在夏季徒长枝长至0.5～0.7 cm时摘心，促发二次枝，形成结果枝组；二是在冬季修剪时，把单个徒长枝留60 cm左右短截，使下年分枝形成结果枝组。

衰老树枝干枯顶焦梢，或因机械伤害等使骨干枝折断，可利用徒长枝培养骨干枝新的延长枝，以使树冠保持圆满。

（三）二次枝的控制

二次枝多发生在早实核桃上，且在幼龄树抽生较多。由于抽枝晚，生长旺，组织不充实，在北方冬季易发生抽条。如果任其生长，虽能增加分枝，提高产量，但却容易造成结果部位外移，使结果母枝后部光秃，干扰丰产的冠型，其控制方法主要有以下几种。

1. 疏除

为了避免由于二次枝的旺盛生长而过早郁闭，可根据空间的利用程度进行疏除。剪除对象主要是生长过旺造成树冠出“辫子”的二次枝。一般只要在二次枝未木质化之前疏除2次，就基本可以控制。

2. 去弱留强

在一个结果枝上抽生3个以上的二次枝，可在早期选留1～2个健壮的，多余的全部疏除。

3. 摘心

对选留的二次枝，如果生长过旺，为了促其木质化，控制其向外延伸，可于夏季至秋季摘心。

4. 短截

如果一个结果枝只抽生 1 个二次枝，且长势较强，可于春夏季对其进行短截，以控制旺长，促发分枝，并培养结果枝组。夏季短截分枝效果较好，但春季短截发枝粗壮，其短截程度以中、轻度为宜。

（四）结果枝组的培养与修剪

1. 结果枝组的配置

枝组的配置多依骨干枝的不同位置和树冠内空间的大小来决定。一般情况下，主侧枝的先端即树冠外围，以配置小型结果枝组为主；树冠中部以配置中型结果枝组为主，并根据空间大小配置少量大型结果枝组；骨干枝的下部，即内膛应以大、中型枝组为主。在大、中型枝组之间，要以小型枝组填补空隙；骨干枝距离远，即在树冠内出现较大空间时，可用大型结果枝组填补空间。枝组间距以三级分枝互不干扰为原则，一般大型枝组同侧相距 60～100 cm 为宜。幼树和生长势较强的树，应不留或少留背上直立枝组，衰老树可适当多留背上直立枝组。

2. 结果枝组的培养

（1）先放后缩法：对树冠发生的壮发育枝或中等徒长枝，可先缓放促发分枝，翌年在所需高度，于角度开张、方向适宜的分枝处回缩，下一年再去旺留中庸枝。经 2～3 年可培养成良好的结果枝组。

早实核桃的连续结果能力很强，中短果枝连续结果后形成的果枝群，可通过缩剪改造成小型结果枝组。

（2）先缩后截法：对生长密集、空间有限的辅养枝，可先缩回来，后部枝适当短截，构成紧凑枝组。多年生有分枝的徒长枝和发育枝，也可先缩先端旺枝，再适当短截后部枝，构成紧凑枝组。

（3）先截后缩法：对徒长枝或发育枝摘心或短截，促发分枝后再回缩，即可培养成结果枝组。

3. 结果枝组的修剪

（1）枝组大小的控制：结果枝要扩大，可短截1～2个发育枝，促其分枝扩大枝组。枝组的延长枝最好是折线式延伸，以抑上促下，使下部枝生长健壮。延长枝剪口芽要背面或背侧方向着空间大的方向发展。较大枝组已无发展空间时，可对其进行控制，方法是回缩至后部中庸分枝上，并疏除背上直立枝，以减少枝组内的总枝量。对已形成的细长型结果枝组，要适当回缩，以形成比例合适的紧凑型枝组。

（2）生长势的平衡：结果枝组的生长势以中庸为宜，枝组生长势过旺时，可利用摘心控制旺枝，冬季疏除旺枝，并回缩至弱枝弱芽处，或去直留平改变枝组角度等，控制其生长势。若枝组衰弱，中壮枝少，抬高结果枝组的角度并减少花芽量，以促其复壮。

（3）结果枝与营养枝的比例调节：结果枝组应是既能结果又有一定生长量的基本单位。对于大中型结果枝组，需将其结果枝和营养枝调整至恰当的比例，一般为3∶1。生长健壮的结果枝组（尤其是早实核桃），一般结果枝偏多，修剪时应适当疏除并短截一部分；生长势弱的结果枝组，常形成大量的弱结果枝和雄花枝，修剪时应适当重截，疏除一部分弱枝和雄花枝，促发新枝。

（4）三杈型结果枝组的修剪：核桃多数品种一年生枝顶部，常常形成3个比较充实的混合芽或叶芽，萌发后常能形成三杈型结果枝组。这类枝组如不修剪，可连续结果2～3年，由于营养消耗过多，生长势逐年衰弱，以至干枯死亡。对于这类枝组应及时疏剪，在枝组尚强时，可疏去中间强旺的结果母枝，留下两侧的结果母枝。随着枝组的增大，应注意回缩和去弱留强，以维持良好的长势和结果状态。

（5）果枝组的更新：由于枝组年龄过大，着生部位光照不良，过于密挤，结果过多，着生在骨干枝背后，枝组本身下垂，着生母枝衰弱等原因，均可使结果枝组生长势衰弱，不能分生足够的营养枝，结果能力明显降低，这种枝组需及时更新。枝组更新要从全树生长势的复壮和改善枝组的光照条件入手，并根据枝组的不同情况采取相应的修剪措施。枝组内的更新复壮，可采取回缩至强壮分枝或角度较小的分枝处，加上剪果枝、疏花果等技术措施。对于过度衰弱，回缩和短截仍不发枝的结果枝组，可从基部疏除。如果疏除后留有空间，可利用徒长枝培养新的结果枝组。如果疏除前附近有空间，也可先培养成新结果枝组，然后将原衰弱枝组逐年去除以新代老。

案例　新疆不同类型核桃园整形修剪实例

案例一　不同年龄时期核桃树的整形修剪

早实核桃开花时间早，结果早，易早衰。防止枝条早期大量结果而引起后期树势的衰弱以及产量的下降，应加大枝条的修剪量。核桃树的整形修剪分为四个时期，分别为幼树期、初果期、盛果期和衰老期。

（一）幼树期修剪

幼树修剪是整形的基础，应遵守“宜轻不宜重，少疏不截多留枝”的原则进行修剪。而修剪的目的一是加快树木的生长；二是培养良好的树形和骨架；三是培养良好的结果母枝在主、侧枝上的方位空间。主要任务是定干和主、侧枝的培养，关键是最好发育枝、徒长枝和二次枝的处理，促进幼树的多发枝，加快分枝级数，扩大营养面积，为丰产、稳产打下坚实基础，达到早成形、早结果的目的。

1. 幼树整形

在生产实践中，应根据品种特点、栽培密度及管理水平等确定合适的树形，做到“因树修剪、随枝造型、有形不死、无形不乱”，切不可过分强调树形。

(1) 定干：树干的高低与树高、栽培管理方式和间作等关系密切，应根据品种特点、土层厚度、肥力高低、间作模式，因地因树而定。早实核桃结果早，树体较小，主干可矮些，干高 0.8～1.2 m；立地条件好的定干可高一些；密植时树干可低一些，早期密植丰产园干高可留 0.6～0.8 m。

早实核桃定干：在定植当年发芽后，抹除要求干高以下部位的全部侧芽。如果顶芽坏死，可选留靠近顶芽的健壮芽，促其向上生长，且至一定高度后再定干。

早实核桃培养主枝：春季萌芽前后，在定干高度上方选留 1～3 个壮芽或健壮的枝条作为第一层主枝，并将以下枝、芽全部剪除或加以控制。如果幼树生长过旺，分枝时间推迟，为控制干高，可在要求干高的上方适当部位短截，促使剪口芽萌发，然后选留 3 个不同方位的枝，培养为第一层主枝。

（2）培养树形：主要有疏散分层形和自然开心形两种。

①疏散分层形：该树形有明显的中心领导干，一般有6～7个主枝，分2～3层螺旋形着生在中心领导干上，形成半圆形或圆锥形树冠。其特点是树冠半圆形通风透光良好，主枝和主干结合牢固，枝条多、结果部位多，负载量大、产量高、寿命长。但盛果期后树冠郁闭，内膛易光秃，使产量下降。该树形适合生长在条件好的地方的、干性强的稀植树。

整形过程：一是于定干当年或翌年，在定干高度以上选留3个不同方位（水平夹角120°）、生长健壮的枝条，培养成第一层主枝，枝基角不大于65°，腰角60°～70°，梢角50°～60°，层内两主枝间的距离不小于20 cm，避免轮生，以防主枝长粗，对中央干形成“卡脖”现象，其余枝条全部除掉。有的树生长势差、发枝少，可分两年培养。二是早实核桃4～5年生已出现壮枝时，开始选留第二层主枝，一般选留2个，同时在第一层主枝上的合适位置选留2～3个侧枝。第一个侧枝距主枝基部的距离为，早实核桃30～50 cm；如果只留2层主枝，第一层和第二层之间的间距要加大，即早实核桃1.5 m左右。核桃树喜光性强，树冠高大，树叶茂密，容易造成树冠郁闭，应增加层间距。三是早实核桃5～6年生，继续培养第一层主侧枝和选留第二层主枝上的1～2个侧枝。四是早实核桃7～8年生时，选留第三层主枝1～2个。第三层与第二层主枝间早实核桃1.5 m左右，并从最上枝的上方落头开心，各层主枝要上下错开，插空选留，以免相互重叠。各级侧枝应交错排列，可充分利用空间，避免侧枝并生拥挤。侧枝与主枝的水平夹角45°～50°为宜，侧枝着生位置以背斜侧为好，切忌留背下枝。

各骨干枝生长势的调整：主、侧枝是树体的骨架，叫骨干枝，整形过程中要保证骨架牢固，协调主从关系。定植4～5年，树形结构已初步固定，但树冠的骨架还未形成，每年应剪截各级枝的延长枝，促使分枝。八年后，主、侧枝已初步选取出，整形工作大体完成。在此之前，要调节各级骨干枝的生长势，过强的应加大基角，或疏除过旺侧枝，特别是控制竞争枝。中心干较弱时要在中心干上多留辅养枝，生长势弱的骨干枝可抬高枝头，通过调整使树体各级主、侧枝长势均衡。

②自然开心形：该树形无中央领导干，一般有2～4个主枝。其特点是成形快，结果早，各级骨干枝安排较灵活，整形容易，便于掌握。幼树树形较直立，进入结果后逐渐开张，通风透光好，易管理。该树形适于在土层瘠薄、土质较差、肥水条件不良地区栽植的核桃和树姿开张的早实品种。根据主枝的多少，开心形可分为两大主枝、三大主枝和多主枝开心形，其中以三大主枝较常见。

整形过程：一是早实核桃3年生时，在定干高度以上按不同方位留出2～4个枝条或已萌发的壮芽作主枝。各主枝基部的垂直距离一般为20～40 cm，主枝可一次或两次选留，各相邻主枝间的水平距离（或夹角）应一致或相近，且生长势要一致。二是主枝选定后，要选留一级侧枝。每个主枝可留3个左右侧枝，上下、左右要错开，分布要均匀。第一侧枝距离主干的距离早实核桃0.6 m左右。三是一级侧枝选定后，在较大的开心形树体中，可在其上选留二级侧枝。第一主枝一级侧枝上的二级侧枝数1～2个，其上再培养结果枝组，这样可以增加结果部位，使树体丰满。第二主枝的一级侧枝数2～3个。第二主枝上的侧枝与第一主枝上的侧枝间距早实核桃0.8 m左右。至此，开心形的树冠骨架基本形成。该树形要特别注意调节各主枝间的平衡。

2. 幼树修剪

（1）控制二次枝：早实核桃在幼龄阶段抽生二次枝是普遍现

象。由于二次枝抽生晚，生长旺，组织不充实，在北方冬季易发生抽条现象，必须进行控制。其具体做法：一是若二次枝生长过旺，可在枝条未木质化之前，从基部剪除；二是凡在一个结果枝上抽生3个以上的二次枝，可于早期选留1～2个健壮枝，其余全部疏除；三是在夏季（5月上中旬至6月中下旬）和秋季（8月上中旬）对选留的二次枝，如生长过旺，要摘心，控制其单轴向前生长，提高枝条的木质化程度，减轻冻害抽条；四是如一个结果枝只抽生一个二次枝，生长势较强，于春季或夏季将其短截，以促发分枝，培养结果枝组。短截强度以中轻度为宜。

（2）利用徒长枝：早实核桃由于结果早，果枝率高，花果量大，养分消耗过多，常常造成新枝不能形成混合芽或营养芽，以至翌年无法抽发新枝，而其基部的潜伏芽会萌发成徒长枝。这种徒长枝翌年就能抽生5～10个结果枝，最多可达30个。这些果枝由顶部向基部渐发短枝生长，枝条逐渐变短，最短的几乎看不到枝条，只能看到雌花。第三年中下部的小枝多干枯脱落，出现光秃带，结果部位向枝顶推移，易造成枝条下垂，必须采取夏季摘心法或短截法，促使徒长枝的中下部果枝生长健壮，达到充分利用粗壮徒长枝培养健壮结果枝组的目的。

（3）处理好旺盛营养枝：对生长旺盛的生长枝甩放修剪或轻修剪为宜。修剪越轻，总发枝量、果枝量和坐果数就越多，二次枝数量就越少。

（4）疏除过密枝和处理好背下枝：早实核桃枝量大，易造成树冠内膛枝多，密度过大，不利于通风透光。对此，应按照去弱留强的原则，及时疏除过密的枝条。其具体方法是从枝条基部剪除，切不可留桩，以利伤口愈合。背下枝多着生在母枝先端背下，春季萌发早，生长旺盛，竞争力强，容易使原枝头变弱，而形成“倒拉”

现象，甚至造成原枝头枯死。处理方法是在萌芽后或枝条伸长初期剪除。如果原母枝变弱或分枝角度过小，可利用背上枝或斜上枝代替原枝头。将原枝头剪除或培养成结果枝。如果背下枝生长势中等，并已形成混合芽，则可保留让其结果。如果背下枝生长健壮，结果后可在适当分枝处回缩，培养成小型结果枝。

（二）初果期、盛果期的修剪

初果期与盛果期的修剪在核桃生长过程中至关重要，直接影响后期的产量。两个时期的主要任务是调整平衡树势，调节生长与结果、衰老与更新的矛盾，同时需要改善通风透光，克服“大小年”的现象，延长盛果期的年限。因此，在修剪内容上不仅要以培养为主，还需控制二次枝和利用好徒长枝，疏除过密枝，修剪背下枝。

1. 初果期树的修剪

此期树体结构初步形成，应保持树势平衡，疏除改造直立向上的徒长枝，疏除外围的密挤枝及节间长的无效枝，保留充足的有效枝量（粗、短、壮），使强枝向缓势方向发展（夏季拿、拉、换头），充分利用一切可利用的结果枝（包括下垂枝），达到早结果、丰产的目的。

（1）辅养枝修剪：对已影响主、侧枝的辅养枝，可以回缩或逐渐疏除，给主、侧枝让路。

（2）徒长枝修剪：可采用留、疏、改相结合的方法修剪。在结果母枝或结果枝组明显衰弱或出现枯枝时，通过回缩使其萌发徒长枝。对萌发的徒长枝可根据空间选留，再经轻度短截从而培养为结果枝组。

（3）二次枝修剪：可用摘心和短截的方法，促其形成结果枝组。对过密的二次枝则去弱留强。同时应注意疏除干枯枝、病虫枝、过密枝、重叠枝和细弱枝，防止结果部位外移，对树冠外围生长旺盛的二次枝进行短截或疏除。

2. 盛果期树的修剪

盛果期的大核桃树，树冠大部分接近郁闭或已郁闭，外围枝量逐渐增多，且大部分成为结果枝，并由于光照不足，部分小枝干枯，主枝后部出现光秃带。结果部位外移，易出现隔年结果现象（图 3-12）。因此，这个时期修剪的主要任务是调整营养生长和生殖生长的关系，使树体达到中庸状态，不断改善树冠内的通风透光条件，有序更新结果枝，以达到高产稳产的目的（图 3-13）。其修剪要点是疏病枝，透阳光，缩外围，促内膛，抬角度，养枝组和增产量。特别是要做好抬、留的科学运用，绝对不能一次处理下垂枝，要本着“三抬一，五抬二”的手法（下垂枝连续 3 年生的可疏去一年生枝，5 年生枝缩至 2 年生处，留向上枝）。具体修剪方法如下。

（1）骨干枝和外围枝的修剪：成年核桃树随着结果量的增多，特别是丰产年份，大中型骨干枝常出现下垂现象，外围枝伸展过长，下垂得更严重。因此，对骨干枝和外围枝必须进行修剪。修剪的要点是及时回缩过弱的骨干枝。回缩部位可在骨干枝左右方向上斜生长的侧枝前部，按去弱留强的原则，疏除过密的外围枝，对可利用的外围枝，可适当短截，以改善树冠的通风透光条件，促进保留枝芽的健壮生长。

图 3-12　未修剪的核桃树

图 3-13　修剪后的核桃树

（2）结果枝组的培养与更新：加强结果枝组的培养，扩大结果部位，使树冠内外、上下均匀结果，防止结果部位外移，是保证核桃树盛果期丰产、稳产的重要技术措施。

①培养结果枝组的原则：大、中、小配置适当，均匀地分布在各级主、侧枝上；在树冠内总体分布是里大外小，下多上少，使内部不空，外部不密，通风透光良好，枝组间距离为0.6～1 m。

②培养结果枝组的途径：一是对着生在骨干枝上的大中型辅养枝，经回缩改造成大、中型结果枝组；二是对树冠内的健壮发育枝，采用去直留平斜，先放后缩的方法，培养成中、小型结果枝组；三是对部分留用的徒长枝，应首选开张角度，控制旺长，配合夏季摘心和秋季“盲节”处短截，促发分枝，形成结果枝组。结果枝组经多年结果后，会逐渐衰弱，应及时更新复壮。

③培养结果枝的具体方法：一是2～3年生的小型结果枝组，视树冠内的可利用空间，按去弱留强的原则，疏除一些弱小或结果不良的枝条。二是盛果后期核桃树生长势开始衰弱，每年抽生的新梢很短，常形成三杈状小结果枝组，应及时回缩、复壮，使其内部交替结果，同时控制结果枝组内的旺枝；三是大型结果枝组，应控制其高度和长度，以防“树上长树”。对无延长能力或下部枝条过弱的大型结果枝组，则应回缩修剪，以保持其下部中小型枝组的正常生长结果。

（3）辅养枝的利用与修剪：辅养枝是指着生于骨干枝上的临时性枝条。其修剪要点：一是辅养枝与骨干枝不发生矛盾时，可保留不动。如果影响主、侧枝的生长，就应当及时疏除或回缩；二是辅养枝生长过旺时，应去强留弱或回缩到弱分枝处；三是对生长势中等，分枝良好，又有可利用空间者，可疏去枝头，将其改造成大中型结果枝组。

（4）徒长枝的利用和修剪：随着树龄和结果量的增加，核桃成年树外围枝生长势变弱或受病虫危害时容易形成徒长枝。具体修剪方法如下：一是如内膛枝条较多，结果枝组又生长正常，可从基部疏除徒长枝；二是如内膛有空间，或其附近结果枝组已衰弱，可以利用徒长枝培养成结果枝组，促使结果枝组及时更新；三是在盛果末期，树势开始衰弱产量下降，枯死枝增多，更应注意对徒长枝的选留与培养。

（5）背下枝的处理：在生产实践中，晚实核桃树背下枝强旺和夺头现象比较普遍。背下枝多由枝头的第二至第四个背下芽发育而成，生长势很强，若不及时处理，极易造成枝头"倒拉"现象，必须进行修剪。具体修剪方法：一是生长势中等，并已形成混合芽的背下枝，可保留结果；二是生长健壮的背下枝，待结果后，可在适当分枝处回缩，培养成小型结果枝组；三是已产生"倒拉"现象，原枝头开张角度又较小的背下枝，可将原枝头剪除，让背下枝取而代之。对无用的背下枝则要及时剪除。

（三）衰老期的修剪

当核桃树进入衰老期后，外围枝条的生长量会明显减弱，小枝干枯严重，外围枝条下垂，产生大量"焦梢"，同时萌发出大量徒长枝，出现自然更新现象，核桃产量呈显著下降。因此，为了延长结果年限，对衰老核桃树应及时进行更新复壮。衰老核桃树更新复壮的主要方法有主干更新、主枝更新和侧枝更新，同时需加强病虫害防治，致使能够增加树势和加速树冠，达到更新复壮的目的。

1. 主干更新

即将主枝全部锯掉，使其重新发芽，并形成主枝。但是此种方法采用需要谨慎。具体的步骤为：对于主干过高的苗木，可以从主干适当部位将树冠全部锯掉，使锯口下的潜伏芽萌发成新枝，之后从新枝中选择方向合适、生长健壮的枝条3～4个培养成主枝；对于主干高度适宜的开心形植株，可以将每个植株的基部锯掉。如果是主干形植株，可以从第一层主枝的上部锯掉树冠层，再从各主枝的基部锯掉，使主枝潜伏芽不能萌发成新枝。

2. 主枝更新

即在主枝的适当部位进行回缩，使其形成新的主枝。具体的做法是：选择健壮的主枝，保留50～100 cm长，其余部分锯掉，使其在锯口附近发枝。发枝后，每个枝条上留方位合适的2～3个健壮枝条，以培养成一级侧枝。

3. 侧枝更新

即在一级侧枝的适当位置进行回缩，使其形成新的二级侧枝。优点为树冠形成和产量增加均快。具体的做法：在计划保留的每个主枝上，选择2～3个位置适宜的侧枝，将侧枝中下部长有强旺分枝的前端进行剪截。并疏除所有的病枝、枯枝、单轴延长和下垂枝，对明显衰弱的侧枝进行重回缩，促其从下部或者基部发枝，以代替原枝头。

案例二　放任树的修剪

目前，新疆地区放任生长的核桃树仍占相当大的比例。一部分幼旺树可通过高接换优的方法加以改造。对大部分进入盛果期的核桃大树，在加强地下管理的同时可进行修剪改造，以迅速提高核桃的品质、产量。

（一）放任生长树的树体表现

1. 大枝过多、层次不清

主枝多轮生、重叠或并生。第一层主干上常有4～7个分枝，中心领导干极度衰弱，枝条紊乱。

2. 结果部位外移

造成树冠郁闭，通风透光不良，内膛空虚，枝条细弱并逐渐干枯，结果部位外移。

3. 生长衰弱，坐果率低

结果枝细弱，连续结果能力低，落花、落果严重，产量低且隔年结果现象严重。

4. 衰老树自然更新现象严重

衰老树外围焦梢，从大枝中下部萌生新枝，形成自然更新，需重新构成树冠，连续几年产量很少。

（二）放任树改造修剪的方法

1. 树形改造

放任树的修剪应根据具体情况随树作形。如果中心领寻干明显，可改造成疏散分层形；中心领导干已很衰弱或无中心领导干的，可改造成自然开心形。

2. 大枝处理

修剪前要对树体进行全面分析。重点疏除影响光照的密集枝、重叠枝、交叉枝、并生枝和病虫为害枝，留下的大枝要分布均匀，互不影响，以利侧枝的配备。一般疏散分层形留5～7个主枝，特别是第一层要留好3～4个。自然开心形可留3～5个主枝，特别是第一层要留好3～4个。为避免因一次疏除大枝过多而影响树势，可以对一部分交叉重叠的大枝先进行回缩，分年疏除，对于较旺的壮龄树也应分年疏除大枝，以免引起生长势更旺。

3. 中型枝的处理

中型枝是指着生在中心领导干和主枝上的多年生枝。大枝疏除后从整体上改善了通风透光条件，但在局部会有许多着生不适当的枝条。为了使树冠结构紧凑合理，处理时要先选留一定数量的侧枝，其余枝条采取间隔疏密和回缩相结合的方法，疏除过密枝、重叠枝、回缩过长的下垂枝，抬高枝体位势。大枝疏除较多时，可多留些中型枝。大枝疏除少时，可多疏除些中型枝。

4. 外围枝的调整

对冗长的细弱枝、下垂枝，必须适度回缩抬高，增强长势。对外围枝丛生密集的要适当疏除。衰老树的外围大部分是中短果枝和雄花枝，应适当疏密和回缩，用粗壮的枝带头。

5. 结果枝组的调整

经过大中型枝的疏除和外围枝的调整，通风透光条件得到了改善，结果枝组有了复壮的机会，可根据树体结构、空间大小、枝组类型（大型、中型、小型枝）和枝组的生长势来确定结果枝组的调整。对枝组过多的树，要选留生长健壮的枝组，疏除衰弱的枝组，有空间的可适当回缩，去掉细弱枝、雄花枝和干枯枝，培养强壮结果枝组，促进结果。

6. 内膛枝组的培养

经过改造修剪的核桃树，内膛常萌发许多徒长枝，要有选择地加以培养和利用，使其成为健壮的结果枝组。常用的两种培养方法：一是先放后缩，即对选留的中庸徒长枝（长 80～100 cm）第一年长放，任其自然分枝，第二年根据需要的高度，回缩至角度大的分枝上，翌年修剪时再去强留弱；二是先截后放，即第一年徒长枝长到 60～80 cm 时，采取夏季带叶短截的方法，截去 1/4～1/3，或在5～7个芽处短截，促进分枝，有的当年便可萌发出二次枝，第二年除去直立旺长枝，用较弱枝当头缓放，促其成花结果。对于生长势很旺，长1.2～1.5 m的徒长枝，因其极性强，难以控制，一般不宜选用（疏除）。内膛结果枝组的配备数量，应根据具体情况而定，一般枝组间距为60～100 cm，做到大、中、小枝相互间交错排列。树龄较小，长势较强的树，尽量少留或不留背上直立枝组；衰弱的老树可适当多留一些背上直立枝组。

（三）放任树改造修剪的步骤

核桃放任树的改造修剪一般需3年完成，以后可按常规修剪方法进行。

1. 调整树形

根据树体的生长情况、树龄和大枝分布，确定适宜改造的树形。然后疏除过多的大枝，利于集中养分，改善通风透光。对内膛萌发的大量徒长枝，应加以充分利用。经2～3年培养为结果枝组，对于树势较旺的壮龄树应分年疏除大枝，否则长势过旺，也会影响产量。在去大枝的同时，对外围枝要适当疏密，以疏外养内，疏前促后，树形改造需1～2年完成，修剪量占整个改造修剪量的40％～50％。

2. 稳势修剪阶段

树形调整后，还应调整母枝与营养枝的比例，约为3∶1。对过多的结果母枝可根据空间和生长势去弱留强，充分利用空间。在枝组内调整结果母枝总量的同时，还应有1/3左右交替结果的枝组量，以稳定整个树体生长与结果的平衡。此期年修剪量应掌握在20％～30％。

上述修剪量应根据立地条件、树龄、树势、枝量多少灵活掌握，各大、中、小枝的处理要全盘考虑，做到因树修剪，随枝做形。另外，应与加强土、肥、水管理相结合，否则难以收到良好的效果。

案例三 密植园的修剪

新疆核桃建园式栽培在20世纪90年代以前，种植株行距常在（6～8）m×（6～10）m（每亩栽10～18株），2000年前后株行距以5 m×6 m为主（每亩栽22株），2005年后逐步推广3 m×5 m（每亩栽44株），高密度种植模式。还有在沙漠石砾地段种植为3 m×2 m、3 m×2.5 m、3 m×3 m的模式，每亩株数在70～110株不等。核桃这种超高密度的种植方式，由于单位面积内群体数量的增加，前期能够实现早结果、早见效、早进入盛果期的目的。如新疆温宿县核桃林场三队133 hm^2 密植核桃园，在定植的第五年，平均产量为65 kg/亩，定植的第八年平均产量达286 kg/亩，较稀植园提早3～5年进入盛果期。但随之而来产生的问题是行间、株间树冠交接呈郁闭状态，果农对落头、换头、回缩技术没有完全掌握，没有控制住顶端优势，次年产量呈下降趋势，均产量只有260 kg/亩，且品质下降，空壳、半饱满、露仁现象明显。对此类核桃园进行间伐，动大手术，种植户有点舍不得，感到无从下手。为此，对早期计划密植的核桃园开展有针对性的修剪是十分必要的。

（一）密植核桃园树形选择

密植核桃园定干高度可适当降低为60～80 cm，树形以品种而定。温185号由于中心领导干在生长中偏弱，树形常以开心形为主。新新2号中心领导干长势相对强旺，树形以疏散分层形为主。

（二）密植核桃园的整修修剪

3 m×5 m高密度种植模式的核桃园（每亩栽44株），种植的前

5 年，因株间、行间、树冠尚未交接未郁闭，所有核桃树应按前面所述的修剪方法开展。但某些园子由于土壤、肥水条件好、管理到位，可能在第六年、第七年株间、行间核桃呈现郁闭，修剪就必须有针对性地开展。

在修剪中标记好永久株和临时株，标记永久株、临时株常以隔株标记为主，隔行标记不多见。永久株仍按正常方法修剪，临时株要有目的地控制骨干枝向外延伸生长，疏除强旺主枝延长头，少短截，多疏强旺枝。生长季节，对骨干枝采取强拉的办法，降低生长位势，使枝条尽可能多地转化为结果枝，多结果。用竞争枝替代延长头，减缓生长势，树高达到 4 m 以上，该落头的要强制落头（俗话叫开天窗），避免扫把树，结果部位外移。如果临时株与永久株发生交接，无生长空间，就要让临时株腾让空间；小枝受影响，就要疏除临时株的小枝。大枝受到影响，就要疏除临时株的大枝。使永久株的树冠向牢固、大的方向发展，临时株的树冠不断地处于收缩的局面。

（三）计划密植的核桃园的整修修剪

3 m×5 m 计划密植的核桃园，因土壤条件、栽培主栽品种、管护条件的影响，如果临时株到了无法收缩、确无保留价值的时候，待果实采收后，将临时株整株间伐掉。临时株间伐可在一年中一次性伐除，也可视具体情况分 1～3 年时间有序间伐。有序间伐临时株可以使核桃园产量稳中有升，不至出现大起大落的现象，品质得到保证。最终使株行距固定在 5 m×6 m 的模式上，达到盛产、稳产的目的。

（四）超高密度种植模式核桃园的整修修剪

超高密度种植模式的核桃园，因株间、行间间距较近，更易出现株间、行间过早交接郁闭的现象。可能在定植的第6～9年就要对临时株开展第一次间伐，之后，随时间的推移，核桃树冠间还有可能再次出现郁闭的现象，可能在第9～12年就要对新一轮的临时株开展第二次间伐。使核桃树单株与群体间上下、内外都能保证通风透光，达到连年丰产、优质的目的。核桃的终端种植模式恢复为（5～6）m×6 m，树高控制在4～4.5 m。

第三节 保花保果技术

核桃在生长过程中需要足够的营养物质维持正常生长，但是由于外界因素和内在因素造成营养生长和生殖生长的矛盾，以至于产生落花落果的现象。有相关研究表明，核桃落花落果现象发生是由于生理原因和病虫原因。生理落花落果无病斑、虫眼，多因受精不良、发育不好、营养不足等导致，其落果一般集中在柱头干枯后30 d左右的果实速长期，称为“生理落果”，又称“自然落果”。病虫落花落果是因病虫害引起的，其落果有病斑或虫眼可区别于生理落果。因此，为维持核桃树的正常生长需要采用相关技术进行防范，如提高花粉受精率、提高树体营养水平及使用生长调节剂等。

一、提高花粉受精率

核桃在生长过程中落果一般由花授粉不良导致坐果率的降低，从而影响园区核桃的产量。一般采用人工辅助授粉以及除去过多雄花来提高花粉受精率。

（一）人工辅助授粉

在没有配置授粉树的核桃园内，或初期雄花量不足时，采用人工授粉是提高核桃产量的一项重要措施，可提高核桃坐果率20%左右，同时也可显著提高核桃的单果重和出仁率。这种方法省工省力，简便容易，效果显著。首先进行花粉收集，具体操作步骤为：春季当雄花序由绿变黄，花粉苞未开裂时，选择健壮成龄核桃树采集将要散粉的雄花序，放在通风、干燥的室内晾开，室温保持在20 ℃左右，1 d后散粉，然后将花粉收集在深色的瓶中，放入2～3 ℃的冰箱内保存。其次对苗木进行授粉，授粉的步骤为：核桃雌花盛开期（大多数雌花柱头开裂并呈“倒八字形”）时，用花粉1份、硼砂0.2份、糖5份、水500份，将硼砂用少量水溶解，再加入水中摇匀后，加入糖和花粉，随配随用。授粉时间一般为每天上午8：00—11：00，全株喷洒。

（二）除去过多的雄花

有研究表明，在核桃树发育过程中，大部分营养物质提供给了核桃的雄花及其花序的生长，正因为这种营养物质的损耗造成雄花大量开花和生长茂盛。因此，在核桃生长发育过程中，为提高授粉率，可以将一部分的雄花去除，一是节约营养物质；二是提高果实坐果率。在花芽膨大前，可以按比例去除雄花，比例为雄花序的留量与雌雄花序比为40∶1较为合适，去除方式有人工或药物去除（图3-14）。

图3-14 疏花

二、提高树体营养水平

良好的肥水管理条件，合理的树体结构和及时防治病虫害，是保证树体正常生长发育，增加果实养分积累，改善花器发育状况，提高坐果率的基础措施。核桃在生长发育过程中需要及时补充氮、磷、钾元素以维持苗木的正常生长，其中以氮元素需求最多，每生产 100 kg 核桃需要纯氮 2.71 kg，氮素供应不足，常常造成核桃生长结果不良。因此，在核桃生长过程中，通过基肥、追肥和根外追肥 3 种方法对生长中的苗木进行营养物质的补充，以促进苗木的正常生长和提高产量。

三、生长调节剂的应用

落花落果的直接原因是果柄离层的形成，而离层形成与内源激素不足有关。盛花期喷植物生长调节剂，可以通过改变果树体内内源激素的水平和不同激素间的平衡关系，以提高坐果率。盛花期可供喷施的植物生长调节剂有硼酸、赤霉素或萘乙酸、吩噻嗪等。在落花后和生理落果前喷施硼酸、尿素等植物生长调节剂，可有效防止果柄产生离层而提高坐果率。

第四节　病虫害绿色防控技术

一、防治原则

核桃病虫害防治应本着“预防为主、综合防治”的原则，以农业防治、物理防治为主，尽量少用或不用化学防治。农药的选择也以高效、低毒、低残留为标准，尽量减少喷洒次数，降低污染。

二、综合防治

（一）植物检疫

植物检疫是由国家或地方政府有关机构颁布条例或法令，对核桃苗木、接穗、种子等繁殖材料及果品进行管理和控制，防止危险性病、虫、草的传播、蔓延。主要任务是：

（1）禁止危险病、虫、杂草随同植物及其产品由国外输入。

（2）按照输入国的要求，禁止危险病、虫、杂草随同植物及其产品由国内输出。

（3）把发生在国内局部地区的危险病、虫、杂草封锁在一定范围内，禁止随同植物及其产品传播蔓延，以便及时彻底地消灭于感染发源地。

我国的核桃重要检疫对象有核桃横沟象、大袋蛾、核桃炭疽病等病虫害，从外地引进苗木、接穗、种子及果品时必须进行检疫，发现有检疫对象时，立即采取处理措施；不得从疫区调运苗木、接穗和种子，一经发现，立即销毁。

（二）农业防治

利用园地选择与规划设计及栽培管理等农业措施兼顾防治病虫害。

1. 加强栽培管理

栽植无病虫苗木、抗病虫品种，加强栽培管理，增施有机肥，改良土壤，合理修剪，合理施肥和排灌，使树体健壮，增强树势，秋末树干涂白，提高核桃自身抗病虫能力。

2. 实施翻土、修剪、清园等措施，减少虫源

秋季及时清园，捡拾落果，带出园地，消灭果实内的核桃举肢蛾幼虫；结合施有机肥，耕翻树盘土壤，破坏害虫生存场所，杀死害虫，从而消灭在土中越冬的害虫；清除园内枯枝杂草、落叶，并销毁以消除病原。

3. 核桃园生草和间作，改善园内生态条件

通过核桃园生草和间作，为有益生物提供隐藏场所，并为其提供食物来源。如核桃园行间种植绿肥，改善园地生态环境，吸引害虫天敌，从而减轻害虫发生。

4. 加强管理

在生产中应加强核桃树的科学管理，采取整形修剪、配方施肥、肥水管护、中耕除草等措施，以增强树势，提高树体抗病力。剪除病虫害危害的枝条，每年 9 月底在核桃采摘结束后，应在整形修剪的基础上，剪除枯枝、病虫枝集中烧毁或深埋。春季或秋季刨树盘，破坏核桃举肢蛾和核桃果象甲越冬茧的正常生存环境，使其不能羽化，降低来年的虫口密度。捡拾落果和摘除病虫果，核桃举肢蛾、核桃果象甲等害虫的幼虫均为害果实，果实受害后可引起落果，其幼虫在落下的果实内继续为害，并在受害果实内化蛹羽化。

为此，在每年的6月中旬以后应将核桃植株上的虫果、黑果及周围地面的落果捡拾干净，用50%马拉硫磷乳油800倍液集中浸泡处理，可有效降低下一年的虫口数量。

（三）物理防治

1. 诱杀

利用害虫的趋性，人为设置其所好，诱集害虫加以消灭。如利用糖醋液诱杀金龟子成虫；频振式黑光灯诱杀尺蠖、核桃瘤蛾、黄刺蛾、褐边绿刺蛾、桃蛀螟、舞毒蛾、金龟子等趋光性害虫的成虫。

2. 捕杀

利用人力或简单机械，捕杀有群集性或假死性害虫。如利用竹竿打枝条振落木尺蠖幼虫；砸云斑天牛卵，挖出刚入树干的幼虫，捕捉成虫；金龟子成虫期于傍晚人工振落捕杀；剪除或击破刺蛾虫茧；摘除大袋蛾越冬虫囊；摘除群集为害时的刺蛾初孵化幼虫、核桃缀叶螟虫叶，立即埋掉或将幼虫踩死；摘捡落果和变黑果，集中焚毁或入坑沤肥，消灭核桃举肢蛾幼虫；秋冬在树干上绑草把、诱虫带，诱集核桃害虫化蛹，早春在害虫羽化以前解下草把沤肥或焚毁。

3. 阻隔

根据害虫的活动习性，人为设置障碍，防止幼虫或某些不善飞行的成虫扩散、迁移。如在草覆蚧发生严重的地区，在树干基部涂黏虫胶环，或绑塑料裙，用以阻杀上树若虫。

4. 手术法防治病害

如刮除腐斑病病斑。

（四）生物防治

1. 以虫治虫

利用天敌昆虫以虫治虫。天敌又可分为捕食性和寄生性天敌，它们通过直接捕食害虫或寄生于害虫身体上消灭害虫。常见的捕食性天敌有瓢虫、草蛉、胡蜂、蚂蚁、食蚜蝇、捕食螨等，寄生性天敌主要包括寄生蜂和寄生蝇。

2. 以菌治虫治病

以菌治虫是利用害虫的病原微生物（细菌、真菌、病毒）防治害虫。常见的杀虫细菌有苏云金杆菌、芽孢杆菌等；杀虫真菌有白僵菌、绿僵菌等；杀虫病毒有桑毛虫核多角体病毒、棉铃虫核多角体病毒、斜纹夜蛾核多角体病毒、刺蛾病毒等。以菌治病主要是应用各种菌的代谢产物即抗生素治病，如春雷霉素、多抗霉素（多氧菌素）、农抗 120、链霉素等。

3. 利用昆虫激素防治害虫

昆虫激素可分为外激素和内激素。用于防治害虫的外激素主要是用性引诱剂诱杀害虫雄虫；用于防治害虫的内激素主要是特异性害虫生长抑制剂，如卡死特、灭幼脲（1 号、2 号、3 号）、扑虱灵、定虫隆（抑太保）等。另外还有诱芯、迷向剂等。

4. 其他有益动物的利用

如招引食虫益鸟、园内养鸡，取食害虫的幼虫和成虫。

（五）化学防治

化学防治是利用化学药剂直接防治病虫害的方法。其优点是见效快、用途广；缺点是易杀伤天敌，病虫害可产生抗药性，污染环境和留有残毒，易发生药害，而且成本高。

在当前情况下，为减少病虫害对农药抗性，保护生产环境，生产绿色果品，必须严格按照“绿色食品农药使用准则”和“无公害水果农药安全使用方法”，应用生物源农药、矿物源农药、植物源农药、昆虫生长调节剂类和高效农药低毒防治病虫害，禁止使用剧毒农药，把病虫害的危害控制在经济允许水平下。对于允许使用的低毒农药，最后使用农药的时期距果实采收期 30 d 以上。

（六）预测预报

园中定点定树观察或用虫情测报灯、孢子捕捉仪等设备，及时掌握病虫害的消长动态，选择有利时间用药预防。

三、主要病害防治

（一）核桃腐烂病

又名核桃黑水病，主要为害新疆核桃，分布于西北、华北各省及山东、安徽等地，从幼树到大树均有受害。核桃进入结果期后，如栽培管理不当、缺肥缺水、负载太大、树势衰弱，腐烂病发生严重，造成枝条枯死、结果能力下降，严重时引起整株死亡。特别是新疆核桃产区发生较重，个别严重园病株率可达 80%左右。

1. 症状

核桃腐烂病（图 3-15）主要为害枝干树皮，树龄和感病部位不同，其病害症状也不同，大树主干感病后，病斑初期隐藏在皮层内，俗称“湿串皮”；有时多个病斑连片成大的斑块，周围聚集大量白色菌丝体（图 3-16），从皮层内溢出黑色黏液；发病后期，病斑可扩展达 20～30 cm，树皮纵裂，沿树皮裂缝流出黑水，干后发亮，好似刷了一层黑漆。幼树主干和侧枝受害后，病斑初期近于梭形，呈暗灰色，水浸状、微肿起，用手指按压病部，流出带泡沫的液体，有酒糟气味；病斑上散生许多黑色小点，即病菌的分生孢子器；当空气湿度大时，从小黑点内涌出橘红色胶质丝状物，为病菌的分生孢子角；病斑沿树干纵横方向发展，后期病斑皮层纵向开裂，流出大量黑水，当病斑环绕树干一周时，导致幼树侧枝或全株枯死。枝条受害主要发生在营养枝或2～3年生的侧枝上，感病部位逐渐失去绿色，皮层与木质部剥离迅速失水，使整枝干枯，病斑上散生黑色小点的分生孢子器。

图 3-15　腐烂病

图 3-16　核桃树干腐烂病菌丝

以菌丝及分生孢子器在病枝上越冬，翌年条件适宜时产生分生孢子，分生孢子借雨水、风力、昆虫等传播。从各类伤口侵入，树液流动时开始活动，逐渐扩展蔓延危害。成熟的分生孢子器，每当空气湿度大时，陆续泌出分生孢子角，产生大量的分生孢子，进行多次侵染危害，直至越冬前停止侵染。春秋两季为一年的发病高峰期，特别是在4月中旬至5月下旬危害最重。一般管理粗放、土层瘠薄、排水不良、肥水不足、树势衰弱或遭受冻害及盐害时核桃树易感染此病。

2. 防治方法：

（1）加强核桃园的综合管理，多施有机肥，提高树体营养水平，增强树势和抗寒抗病能力，入冬前树干涂白，注意防冻、防旱和防虫，是防治此病的基本措施。

（2）及时刮治病斑，以春季为重点，其次是秋季，但常年检查及刮治不能放松，刮下的病屑应及时收集烧毁，避免人为传染。刮病斑时，应将韧皮部和木质部变色部分刮净，并刮掉病斑边缘以外0.5 cm的健皮，刮后涂抹1～2次杀菌剂保护伤口和防止病疤复发。或用药治疗，药剂可选用9281（果富康）2～3倍液，涂抹至不起泡沫为止，苹腐速克灵2～3倍液，菌立灭1～5倍液，雷奇果树康3～5倍液。使用这些药剂可不用刮皮，在病斑上间隔1 cm纵划数刀深达木质部，然后涂药，半月后再涂一次，连用2～3次即可（图3-17）。

图3-17 核桃腐烂病涂抹伤口愈合剂

（3）采收核桃后，结合修剪，剪除病虫枝、枯枝，刮除病皮，收集烧毁，以减少病原菌源。

（4）落叶后和萌芽前喷药防治，可喷施100倍果富康液，喷洒时注意将直径3 cm以上枝干全部均匀喷洒。在生长季喷施1～2次21%果富康400～500倍液。生长季发现病斑及时刮除，并涂抹果富康。

（5）防治其他病虫害，如叶螨、透翅蛾、吉丁虫、蚜虫等，以增强树势，减少腐烂病发生。

（二）核桃黑斑病

核桃黑斑病（图 3-18）在我国华北、西北、华东、东北各地核桃产区均有发生。近年来，辽宁、河北、山东、河南、安徽等省引进的新疆核桃受害较重，造成早期落叶、落果，出仁率和含油率降低，严重影响核桃的产量和质量。

图 3-18 黑斑病

1. 症状

此病为害幼果、叶片、新梢及雄花和苗木。幼果受害后，开始果面上出现小而微隆起的黑褐色小斑点，后扩大成圆形或不规则形黑斑并下陷、无明显边缘、周围呈水渍状、果实畸形，如果壳未硬化，病菌可扩展到核仁，导致全果变黑、早期脱落；当果壳硬化后，病菌只侵染外果皮，但核仁不同程度地受到影响，出油率大大降低。叶片感病，先在叶脉及叶脉的分叉处出现黑色小点，后扩大成近圆形或多角形黑褐色病斑，外缘有半透明状晕圈。雨水多时，叶面多呈水渍状近圆形病斑，叶背更为明显，严重时，病斑连片扩大，叶片皱缩、枯焦，病部中央变成灰白色，有时呈穿孔状，致使叶片残缺不全，提早脱落。

病菌在病枝及芽内越冬，翌年春季分泌出病菌，借风雨和昆虫活动传播到叶、花粉、果及嫩枝上，因此，花粉也能传播病菌。病菌由气孔、皮孔、蜜腺及各种伤口侵入。举肢蛾、核桃长足象、核桃横沟象等在果实、叶片及嫩枝上取食或产卵造成的伤口，以及灼伤、雹伤都是该菌侵入的途径。气温在 4～30 ℃时，叶片均可染病；5～27 ℃时果实均能染病，潜育期 10～15 d。发病轻重与降雨关系密切，雨水多受害重。

2. 防治方法

（1）选育抗病品种，加强栽培管理，保持树体健壮生长，提高抗病能力。

（2）结合采后修剪，清除病枝、病果，集中烧毁或深埋，以减少病原。

（3）发芽前喷 5 波美度石硫合剂，消灭越冬病菌。生长期喷 1～3 次硫酸铜：石灰：水为 1：2：200 的波尔多液，或 50％可湿性托布津粉剂 1 000 倍液。

（三）核桃枝枯病

核桃枝枯病在河北、河南、山东、陕西、辽宁、江苏均有发生，主要为害枝干，多发生在 1～2 年生枝条上，造成枝干枯干。一般植株受害率 20％左右，重者可达 90％，影响树势和产量。

1. 症状

1～2 年生枝梢或侧枝受害后，从顶端向主干逐渐干枯。受害枝条变为暗灰褐色，而后渐变为浅红褐色或灰色，大枝病部下陷。病死的枝干、木栓层下散生病菌的分生孢子盘，直径 0.2～0.3 mm，初期呈黑色短枝状，湿度大时即软化为黑色突起的孢子堆，直径 1～3 mm。

该病原菌以分生孢子盘或菌丝体在枝条、树干病部越冬。翌年条件适宜时，产生的分生孢子借风雨或幼虫传播，从伤口侵入。该菌属弱寄生菌，生长衰弱的核桃树或枝条易染病，春旱或遇冻害年份发病重。

2. 防治方法

（1）加强栽培管理，增施有机肥，增强树势，提高抗病能力。

（2）彻底剪除、销毁病枝，消灭菌源，防止蔓延。

（3）选土壤肥沃、土层厚的地块建园；同时，注意防寒，预防树体受冻。

（4）主干发病，应及时刮除病部，用1％硫酸铜或21％果富康3～5倍液消毒。

（5）发病严重的核桃园可喷50％多菌灵1 000倍液或21％果富康400～500倍液。

（四）核桃白粉病

核桃白粉病（图3-19）在我国核桃产区普遍发生，引起早期落叶，削弱树势，影响产量。

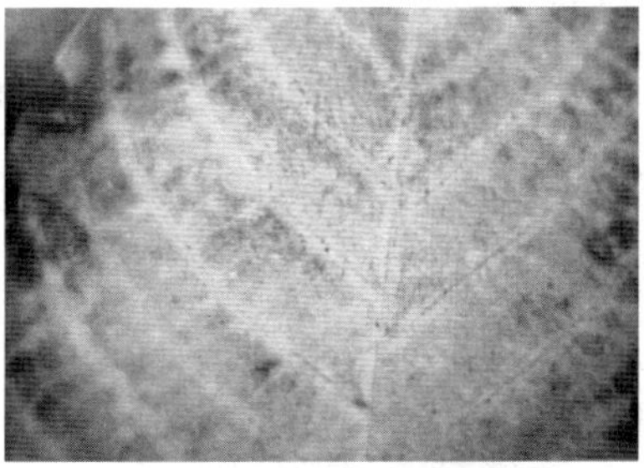

图3-19 核桃白粉病

1. 症状

受害叶片在叶背出现明显的块状白粉层，即病菌的菌丝、分生孢子梗及分生孢子。秋后在白粉层上产生初为黄白色，后为黄褐色，最后变成黑褐色的小颗粒，即病原菌的有性阶段闭囊壳。

病原菌以闭囊壳在落叶上越冬，翌春遇雨放射出子囊孢子。侵染发病后，病斑产生大量分生孢子，借气流传播，进行多次再侵染，5—6月进入发病盛期，7月以后该病逐渐停滞下来。早春年份或管理不善，树势衰弱发病重。

2. 防治方法

（1）秋末清除病落叶、病枝，集中销毁。

（2）加强管理，合理灌水施肥，控制氮肥用量，增强树体抗性。

（3）发芽前喷布3～5波美度石硫合剂，减少菌源。发病初期喷洒50％可灭丹可湿性粉剂800倍液或20％三唑酮乳油1 000倍液；

20%三唑酮硫黄悬浮剂 1 000 倍液；12.5%腈菌唑乳油或 30%特富灵可湿性粉剂 3 000 倍液。

四、主要虫害防治

（一）核桃举肢蛾

1. 分布及危害

核桃举肢蛾属于鳞翅目，举肢蛾科。又名“核桃黑”，分布于河北、河南、山西、陕西、甘肃、四川、贵州等核桃产区。幼虫蛀食核桃果皮和种仁（图 3-20），被害果早期脱落或干在树上，轻者种仁不能成熟，出现瘪仁、品质降低；严重时可减产 70%～80%。

图 3-20 核桃举肢蛾虫害

幼虫蛀入核桃果后，蛀入孔呈现水珠，初透明，后变琥珀色，在表皮内纵横穿食为害，虫道内充满虫粪便，被害处果皮变为黑色，并逐渐凹陷、皱缩。一果内幼虫多头，多者 30 余头，可使整个果皮全部变黑，皱缩形成黑核桃。早期蛀入的部分幼虫可蛀入种子硬壳内为害种仁，使核桃仁枯干。有的被害果全部变黑、干缩，留在枝条上。

2. 防治方法

（1）农业防治：幼虫脱果前，采摘被害果，收集落地虫果，集中深埋；土壤封冻前清除枯枝落叶和杂草，并对树下土壤进行翻耕，破坏越冬虫茧，以降低越冬幼虫基数。

（2）黑光灯诱杀成虫：核桃举肢蛾成虫略有趋光性，通过黑光灯可诱杀一部分成虫。

(3) 药剂防治：6 月中旬至 7 月中旬成虫产卵盛期，每隔 10 d～15 d 喷一次；用 10％高效氯氰菊酯乳油 1 500 倍液至 2 000 倍液；15％吡虫啉悬浮剂 3 000～4 000 倍液；25％灭幼脲 3 号胶悬剂 1 500 倍液。

（二）木橑尺蠖

木橑尺蠖属于鳞翅目，尺蠖蛾科。又名小大头虫、木橑步曲、吊死鬼。

1. 分布及危害

在我国华北、西北、西南、华中均有分布，寄主植物 150 多种，主要为害核桃和木橑。幼虫蚕食核桃叶片（图 3-21），是一种暴食性害虫。大量发生时，可在 3～5 d 内将全树叶片吃光，严重影响树势和产量。

图 3-21　核桃春尺蠖虫害

被害叶片呈缺刻或孔洞状，甚至被蚕食光仅剩叶柄。

一年发生 1 代，以蛹在堰埂下或梯田石缝内、树干周围的土内越冬。次年 5 月上旬平均气温达 25 ℃左右开始羽化，7 月中下旬为盛期，8 月底为末期。成虫不活泼、趋光性强、晚间活动，白天静伏于树上或梯田壁上，很容易被发现。早晨，成虫的翅受潮时不易飞翔。成虫以晚间 8～12 时出土最多，羽化交尾后 1～2 d 内产卵；喜欢将卵产于寄主植物的皮缝内或石块上，卵块不规则，卵期 9～10 d，每头产卵 1 000～1 500 粒，多者可产 3 000 粒以上。成虫寿命 4～12 d。

初孵幼虫活泼，爬行很快，并能吐丝，借风力转移为害。2 日龄以后行动迟缓，臀足和胸足攀缘在小枝上，时常不易被发现。幼虫老熟后坠于地面，潜入树下松软土内或在阴暗潮湿的石缝内化蛹。

2. 防治方法

（1）人工挖蛹：发生严重的地区，可在秋季结冻前和春季解冻后，进行人工挖蛹。

（2）诱杀成虫：在5—7月成虫羽化期，可在夜间用黑光灯诱杀成虫；也可在成虫发生期每天早晨人工捕杀成虫。

（3）药剂防治：应在幼虫3日龄前进行，可用10%高效氯氰菊酯乳油1 000～2 000倍液喷雾；25%灭幼脲3号悬浮剂800～1 000倍液喷雾。

（三）蚜虫

1. 危害

核桃黑斑蚜主要危害核桃，危害部位是叶片，以成、若蚜在核桃叶背及幼果上刺吸取食，常造成核桃叶片很快失绿焦枯，严重时核桃仁干缩，出仁率下降20%以上。一年发生15代，以卵在枝杈、叶痕等处的树皮缝中越冬。

2. 防治方法

（1）利用自然的瓢虫、草岭、食蚜蝇等天敌控制蚜虫。

（2）注意核桃园清除卫生。

（3）春季越冬蚜卵活动或生长时期，在核桃上喷3～5波美度石硫合剂。

（4）从4月中下旬至8月，根据我区监测预报信息指导进行防治。可选用40%克蚜星乳油800倍液、50%抗蚜威可湿性粉剂1 500倍液或10%天王星乳油3 000倍液进行叶面防治。当为害严重时，喷施1.8%阿维菌素1 500～2 000倍液、10%吡虫啉乳油3 000倍液等。

（四）螨类

图 3-22　螨类

1. 危害

螨类（图 3-22）主要有山楂红蜘蛛、二斑叶螨等。以幼螨、若螨、成螨为害苹果、梨、杏、核桃、葡萄等果树。主要刺吸取食芽、花芽、叶片、花蕾、嫩枝以及幼果。一年发生 3～10 代。雌成螨在果树枝干老皮和枯枝落叶下及土缝中越冬。越冬螨鲜红色，越夏型成、若螨体色深红，卵为红色。3 月中旬前处于休眠期，中旬以后开始出蛰活动，4 月中下旬出蛰盛期，5 月中旬至 6 月初发期，7—9 月为危害高峰期。

2. 防治方法

（1）核桃主干、主枝、分杈涂白。

（2）采用春前薄膜覆盖，秋后翻土冬灌等方法消灭叶螨。

（3）4 月中旬刮除核桃树缝，全园喷施 3～5 波美度石硫合剂。

（4）3 月上中旬果树主干基部束膜，在膜上涂粘虫胶，粘杀上树的红蜘蛛。

（5）从 4 月中下旬开始至 8 月下旬，根据各区监测预报信息指导进行药剂防治。防治时使用 1.8％阿维菌素乳油 3 000 倍、3％阿维螨清 3 000 倍等药剂。

（6）8 月下旬红蜘蛛下树前在树干基部束膜，在膜上涂粘虫胶，粘杀下树越冬雌成螨；或是树干基部束诱集带诱虫越冬，11 月下旬集中烧毁。

(五)介壳虫

1. 危害

介壳虫(图 3-23、图 3-24)是核桃生长期间容易出现的一类虫害，给农户造成极大的损失。介壳虫以若虫或成虫附着在枝干、果实和叶片上吸取汁液，造成枝干裂皮、干枯和落叶，严重时造成整株死亡，果实受害后呈畸形，失去商品价值。由于介壳虫有一共同点，即虫体上产生蜡质层，有的初孵若虫经 3～4 d 背上产生蜡质并逐步增厚，常规药物难以穿透触及虫体，因而防治难度大，危害严重。另外，各种介壳虫发生时期参差不齐，有的发生早，有的发生迟。这样，在同一时期有不同虫态的介壳虫存在，一般的杀虫剂只对初孵若虫有效，而对虫体背部长蜡质后，就无能为力了。

图 3-23 介壳虫(一)

图 3-24 介壳虫(二)

2. 防治措施

(1)农业防治：加强肥水管理，增强树势；结合修剪，剪除虫枝、虫叶、枯枝，便于喷药。

（2）保护与利用天敌：介壳虫的天敌资源丰富，有方头甲、灰唇瓢虫、寡节瓢虫、大红瓢虫、澳洲瓢虫、黑缘瓢虫、蚜小蜂、黄金蚜小蜂、双带巨角跳小蜂、姬小蜂、扁角跳小蜂、草蛉等捕食性和寄生性天敌。用药剂防治时，尽量避开天敌盛发期喷药，并选用高效低毒的品种，减轻对天敌的伤害。

（3）药剂防治：可选用40%速扑杀（杀扑磷）乳油1 500倍液；99.1%敌死虫油剂或20%蚧杀手乳油1 000倍液；35%快克乳油800倍液。化学防治介壳虫最佳防治期是在幼蚧初孵至盛孵期，即5月中旬至6月中旬前进行，每隔5 d喷药1次，连喷2～3次。若错过防治适期，则宜用矿油类药剂与低毒的有机磷药剂混合使用，以增强药剂的渗透力，提高杀蚧效果。

（六）黄刺蛾

1. 危害

黄刺蛾（图3-25）主要为害核桃、杏等果树。危害场所是叶片。一年发生1代，幼虫于10月在树枝上以茧越冬。成虫体长12～16 mm、黄至黄褐色。老熟幼虫体长25 mm，身体较肥大呈长方形，黄绿色。卵扁椭圆形，淡黄色。蛹黄褐色，近椭圆形。茧坚硬，表面有灰白色不规则条纹，结于枝条上。

图3-25　黄刺蛾

5月化蛹，6月中旬开始羽化，6—7月为幼虫期，7月下旬至8月为成虫期。成虫有趋光性，每雌虫产卵49～67粒，散产或数粒在一起。卵多产于叶背面，卵期1周左右，7月上、中旬孵化，孵化前可见到卵壳内乳黄色的幼体和枝刺及黄褐色口器等。7月中旬至8

月下旬危害严重，9 月老树幼虫在树上结钙质茧过冬。

2. 防治措施

（1）清除核桃园的枯枝、落叶。

（2）树木落叶前到第二年树木发芽前人工摘除黄刺蛾茧，进行焚烧、掩埋，深度 30 cm 以下。

（3）6—8 月挂杀虫灯诱杀成虫。

（4）药剂防治：使用森得保可湿性粉剂 30～40 g/亩，1.2%烟碱苦参碱水剂 1 000 倍液防治黄刺蛾幼虫，发生严重的地区，可重复防治。

（七）大青叶蝉

1. 危害

核桃大青叶蝉是生长期间出现的一种害虫，极大地影响了核桃的品质及产量，降低了农户的种植效益。一般它以成虫和若虫刺吸寄主植物枝梢、茎叶的汁液危害，在果树上主要是成虫产卵危害。成虫秋末产卵时，用锯状产卵器刺破枝条表皮呈月牙状翘起，将 6～12 粒卵产在其中，卵粒排列整齐，表面呈肾形凸起。成虫密度大时，枝条遍体鳞伤，经冬季低温和春季刮风，易导致抽条，严重时可致幼树死亡。

2. 防治措施

（1）合理间作：幼果树园避免在果园内间作晚秋作物。如白菜、萝卜、胡萝卜、薯类等，减少大青叶蝉向果园内的迁飞数量。进入秋季后，清除园内杂草，控制大青叶蝉虫量及果园周围的杂草及晚秋作物。

（2）刷白涂剂：10 月上、中旬成虫迁来果园产卵前，幼树涂刷白涂剂，阻止成虫产卵。白涂剂配方：生石灰 10 kg，硫黄粉 0.5 kg，食盐 0.25 kg，动物油或皮胶适量，用适量的水调成糊状，涂刷干、枝，阻止成虫产卵。

（3）灯光诱杀成虫：可在 9—10 月于果园外设置黑光灯，诱杀成虫。

（4）缠纸或塑料胶带：在幼树枝条上缠纸或塑料胶带能阻止大青叶蝉产卵，并有防止失水作用。

（5）喷药防治：在幼龄果园，可在 10 月上旬当雌成虫转移至树上产卵时，及时喷药防治，7～10 d 一次，连喷 2～3 次，药剂有 45%～48%（质量分数，后同）毒死蜱乳油 1 200～1 500 倍，20%杀灭菊酯乳油 2 000 倍液，10%氯氰菊酯乳油 2 000 倍液或 90%敌百虫晶体等。

第五节　低产园改造

由于我国核桃品种化栽培时间较短，现有的核桃树中还有部分属于产量低、品质差、结果晚，甚至不结果的低产树、实生树，核桃园中还有部分属于低产园。高接换优可利用优良品种早果、高产、优质的遗传特性，对现有核桃资源中适龄不结果或坚果品质低劣的树进行嫁接改造，彻底改变实生树结果晚、产量低、品质差的缺点，同时也是快速培育大量优质核桃接穗的有效方法。

核桃低产劣质树的高接换优改造是快速推广优良品种、提高核桃质量、尽快实现优良品种规模化产业化栽培的重要途径。一般核桃树改接后第三年便可恢复原来的树冠，达到盛产期的产量水平，因此，低产劣质核桃树高接换优技术是核桃低产园改造中的一项重要技术。

一、高接换优的要求

选择土层深厚、光照充足的地方的实生树或劣种树。树势要求生长旺盛，无病虫危害，树龄 5～15 年。对于立地条件较差、树势较弱的低产树，应先扩穴改土，加厚土层，树势由弱转强后再进行改接，否则在改接后由于产量提高较快，营养跟不上，会造成早衰或死亡。对于过密的核桃园，可以进行隔株或隔行改接，未改接的树，待高接树成活后予以间伐，利用早实品种改接每亩留 30～40 株为宜。

二、品种选配

优良品种是改接核桃树丰产优质的根本，所以在品种选择上必须严格把关，做到品种纯正、来源清楚、质量可靠。拟选适合当地立地条件和气候条件的优良品种。每个高接园或高接点品种不宜太多太杂，以 1～2 个品种为宜。若是在新发展区或周围无核桃树的情况下，高接时应考虑授粉树的搭配问题。要选择一个花粉期相匹配的品种作为授粉品种，按 5∶1 的比例呈带状或交叉状配置，以提高授粉能力。

三、高接换优的方法

核桃高接换种应首选芽接，因为芽接部位结合紧密，不会劈叉，较枝接减少了为防止刮风吹断新梢的绑缚支撑工作，大大节省了人力物力，而且实行多头多枝芽接，嫁接点位多、伤口少、愈合快、树冠恢复快。

（一）夏季嫩枝芽接

1. 早春修剪截枝

对计划采用芽接换优的核桃园，可先行粗略修剪，去掉无用的交叉大枝、重叠枝、密集枝、病虫枝，同时注意平衡树势，树冠上大的枝，要疏除上部大枝，外围枝也要适当疏除。

萌芽前，选留 3～5 个方向、位置较适宜、直径在 10 cm 以下的主枝作为骨干枝，对主干上的辅养枝或骨干枝上的侧枝留 5～10 cm 截枝，促发新梢。主干或骨干枝有较长光秃带，可通过刻、锯等造伤，促隐芽萌发新梢，便于嫁接。当新梢长到 10～15 cm 时，每个截留枝上选取 1～2 个健壮新梢。其余全部抹除。

2. 适时嫁接

当嫁接枝上新梢长到 60 cm 以上，基部基本木质化时，即可进行芽接。以 5 月下旬至 6 月下旬嫁接为宜，此时温度、湿度条件适宜，砧木、接穗生长旺盛，嫁接后容易形成愈伤组织，接芽萌动快，生长量大，木质化程度高，有利于安全过冬。芽接的接穗在优质健壮的良种母树上采取，剪下的接穗要立即去掉复叶，保湿储存，运到目的地阴凉处备用。接穗最好是当日采当日用。嫁接方法与苗木培育中相同，采用方块芽接法。

（二）春季硬枝枝接

1. 接穗采集

一般在秋末冬初，选择树冠外围长 1 m、粗 1～1.5 cm 的当年生发育枝或长果枝，要求髓芯较小、健壮充实、无病虫害，一般选取中下部发育充实的枝段作为接穗。接穗选好后，要在 95～100 ℃石蜡中速蘸冷却后装在塑料袋中，在 0～5 ℃湿沙中冷藏或埋藏。接穗要妥善保存，关键是防止储藏过程中接穗水分损失。

2. 砧木选择及处理

每株接头的多少以砧木的大小而定，一般6年以下的树进行单头高接，7～15年的树每株2～4个接头为宜，高接树干以0.6～1.2 m为宜（图3-26）。在保持原树形的基础上，按树冠从属关系锯好接头，嫁接部位直径以5 cm以下为宜，过粗不利于砧木接口断面的愈合，也不便绑缚。为防止“伤流”对嫁接成活的影响，接前必须在砧木基部间隔5 cm用锯锯两刀，深度达到木质部1 cm左右，进行放水处理，使伤流液从锯口流出。

图3-26 核桃大树改接

3. 枝接时期与方法

采用多头劈接、插皮舌接的嫁接方法。嫁接时期以砧木离皮至萌芽期最佳，一般为4月中旬至5月上旬。嫁接时先将高接砧木用手锯截去上部，用刀削平锯口，将接穗剪成长12～15 cm，保留2～3个饱满芽的枝段，下端削成5～6 cm长的舌状削面，削时的斜度先急后缓，使削面圆滑，不出棱角。在砧木锯口下侧面选择光滑部位，按照接穗的形状，由下至上轻轻削去老粗皮，露出嫩皮，其削面的大小略大于接穗削面，然后将接穗面前端皮层捏开，将接穗舌状木质部慢慢插入砧木木质部与皮层之间，使接穗皮层紧贴在砧木皮层的削面上，接穗露白1 cm左右，根据砧木断面的粗细，每个接头插入2～3个接穗。插好接穗后，用塑料条将接口绑缚严紧，外面套上塑料袋。待接穗萌芽后，及时开孔放风。

四、当年接后管理

（一）补接

无论是春季还是夏季，均要在嫁接 20 d 后检查成活情况，未接活的及时进行补接。春季补接不活的还可以夏季芽接。

（二）除萌

对嫁接后接穗已经成活的植株，要及时除掉砧木上所有萌芽，一般 10 d 左右一次，连续 3～4 次。春季嫁接未成活的，每处断面保留 2～3 个萌芽，过多的萌芽也要去掉；夏季芽接后 20 d 内，要去掉所有砧木萌芽；20 d 后，接芽未成活的可以保留接芽以下的萌芽。

（三）剪砧、解绑

夏季芽接的，当接芽长到 5 cm 时剪砧，把接芽以上的部分剪掉。无论春季枝接还是夏季芽接，均要在接芽长到 15～20 cm 时解绑，并绑缚支棍，防止风折。接后两个月，当接口愈伤组织生长良好后，及时除去绑缚物，以免阻碍接穗的加粗生长。

（四）摘心

当嫁接的新梢长到 40 cm 左右时，要及时摘心，摘除顶端的 5～8 cm 嫩梢，促进分枝和新梢基部增粗。

（五）及时防治病虫害

嫁接当年春季要注意防治食芽害虫，夏季要注意防治食叶害虫，保证接芽的安全萌发和生长。改接后的树干要涂白，防止夏季日烧。

（六）肥水管理

嫁接后，视土壤墒情加强肥水管理，在土壤缺墒不太严重时，嫁接后2周内不浇水施肥，当新梢长到10 cm以上时应及时追肥浇水，也可将追肥、灌水与松土除草结合进行。没有灌溉条件的大树，可进行叶面喷肥，每10～15 d喷施一次300倍尿素，还可与病虫害防治的农药一起喷施；一般8月中旬以后应停止喷施尿素，改为300倍磷酸二氢钾，以防新梢徒长。

（七）冬季防寒

多数嫁接当年萌发的新梢，耐寒力较差，最好在冬季采取适当的防寒措施（图3-27）。方法是在秋季落叶后，对所有一年生枝进行涂聚乙烯醇处理。

图3-27 嫁接当年冬季包裹

第六节 核桃采摘及加工处理技术

一、适时采收时期

（一）不同产地和品种的采收时期

果实成熟的时期因品种、地区、气候、土壤而有差别，核桃青皮开裂标志着核桃已经成熟，薄壳核桃多于9月成熟，适期采收有利于提高核桃坚果的品质。核桃果实成熟的外部特征是：青果皮由绿变黄，部分顶部出现裂纹，或青果皮容易剥离；内部成熟特征是：种仁饱满，幼胚成熟，子叶变硬，风味浓香。核桃在成熟前30 d左右果实和坚果大小基本稳定，但种仁重量、出仁率与脂肪含量均随采收时间适宜推迟而呈递增趋势，不同的品种和不同的用途，要求的采收期不同，通常一株树上的果实青皮裂口达1/3时，即为适宜采收期（图3-28）。采收过早，青皮不易剥离，种仁不饱满，出仁率不高，加工时出油率低，而且不耐储藏；采收过晚，则果实自然脱落后受侵蚀，增加受真菌感染的机会，使坚果品质下降，且易被老鼠、乌鸦等动物啃食，影响产量。

图3-28　核桃采收时期

在新疆阿克苏地区，核桃的青果皮由绿变黄、果顶裂缝70%～80%为核桃的最佳采收时期。要做到分品种统一采收、清洗、制干。阿克苏地区依品种先后成熟的顺序排列为：温81、温185、新丰、新早丰、新温179、扎343、新萃丰、新新2号。一般年份，温185在9月5日前后成熟，扎343在9月20日前后成熟，新新2号在9月25日至10月3日期间采收。同一品种、同一区域，沙壤土比壤土的核桃早成熟3～5 d。

（二）采收方法

不适当的采后处理，会使核桃品质降低。品种较多的核桃园，要按不同品种分期采收，采收完一个品种再采收另一个品种，不要所有品种一起采收。核桃的采收方法分人工采收和机械采收。

1. 人工采收

人工采收是我国目前普遍采用的方法，采收效率低、劳动强度大，其特点是在果实成熟时用长木杆敲击核桃所在的枝条或直接敲击果实。击打时应该从上至下、由内向外顺枝击打，避免损伤枝芽而影响来年产量。将击落的带青皮核桃和已脱青皮的核桃分别放入编织袋中。

2. 机械采收

近年来，由于人工价格不断上涨，我区已普遍采用机械采收。机械采收的机具包括振动落果机、清扫集条机和捡拾清选机，其作业程序是先用振动落果机将核桃振落到地面，再由清扫集条机将地面的核桃集中成条，最后由捡拾清选机捡拾并简单清选后装箱。由于同一株核桃树上的果实成熟度不完全一致，机械化采收时，必须在采收前 7～10 d，对树体喷洒 500～2 000 μg/g 的乙烯利溶液催熟，使其成熟期一致。采用机械采收的核桃青皮容易剥离，果面污染少，在一定程度上减小了劳动强度，缩短了核桃产品上市时间，但缺点是使大量的叶片较早地脱落而削弱了树势。

两种采收方法均应在采果前将地面早落果、病果、虫果和残伤果等捡拾干净，并做妥善处理。打落的果实应剔除病虫果，并将完好青皮果和青皮破伤果分别放置和处理。

二、脱青皮及干果制干处理

（一）脱青皮

据测定，刚采收后的核桃，青皮含水量为 40%～45%，果仁的含水量为 20%～25%，如此高的水分含量很容易使核桃腐烂变质。因此，核桃采收后首先应及时脱青皮处理，要做到青皮全部去除干净。一般脱除核桃青皮的方法有人工脱皮法、堆沤脱皮法、药剂脱皮法、机械脱皮法等。

1. 人工脱皮法

对已开裂的核桃，果实采收后放置在阴凉处，可直接用棍棒敲击脱皮或戴橡胶手套手工剥除，可避免手被污染，同时也不影响工作效率，值得普遍推广。手工剥不掉或棍棒敲不掉的可用小刀刮除。

2. 堆沤脱皮法

堆沤法是脱青皮的传统方法。核桃采收后分选出未脱青皮的核桃，及时运到室外阴凉处或室内，按 40 cm 左右的厚度堆成堆（堆积过厚容易腐烂，切忌不能在阳光下曝晒）进行堆沤。在果堆上加盖篷布，可提高堆内的温度，促进坚果后熟，加快脱青皮速度。一般堆沤 2～3 d，当青果皮离壳或开裂达 50%以上时即可用木棍敲击脱皮。对未脱皮的核桃可再堆沤数日，直到全部脱皮为止。

3. 乙烯利脱皮法

由于堆沤脱皮法脱皮时间长、工作效率低、果实污染率高、对坚果商品质量影响较大，所以自 20 世纪 70 年代以来，有些地区开始试用乙烯利催熟脱青皮技术。此方法是我国主产区广泛使用的脱青皮方法。可先在采收的青皮核桃果实表面喷洒乙烯利，或用浓度为 3%～5%乙烯利浸果 30～60 s，然后堆成高度为 50 cm 左右的果堆，上面覆盖篷布 2～3 d，脱青皮率达 95%以上。此方法比堆沤法脱皮快，仅少量坚果表面有局部污染，核仁变质率约为 1.5%。乙烯利催熟时间的长短与药液的质量分数和果实成熟度有关，果实成熟度高，则用药液的质量分数低，催熟时间短。该法具有省工、省力、效率高、脱皮干净、商品质量好等优点。乙烯利催熟效果受通气状况制约，在通气良好的条件下催熟效果显著，而在密闭条件下，由于二氧化碳积累，后熟受到抑制。

4. 冻融脱皮法

此法是利用冷冻和融化交替的方法去除青皮。方法是：将采摘、挑选后的鲜核桃进行－25～5 ℃低温冷冻，待核桃青皮冻透后，再升温至 0 ℃以上融化。待核桃青皮开裂后，使用机械剥离速度快、剥离率高，可实现流水作业。

5. 机械脱皮法

用核桃脱皮机处理，依据揉搓原理，将带青皮的核桃放在转动磨盘与硬钢丝刷之间进行磨损与揉搓，使得核桃青皮与坚果分离（图 3-29）。要求青皮果无病虫害、青皮完整。若核桃青皮水分含量少，青皮皱缩，加之揉搓力大，则很容易在脱青皮时损伤果仁。因此，用机械脱皮法（纸皮核桃品种不适用）脱除核桃青皮时，必须在采收后的 1～2 d 内脱除。采用机械脱青皮，不仅效率高而且质量好，既减轻了劳动强度，又避免了核桃青皮对手的伤害。例如，新疆农业科学院农机研究所研制的“6BXH-800”核桃青皮剥离清洗机每小时可加工 1 t 带青皮的核桃，剥净率达到 89.3％，损伤率 0.5％以内。

（二）坚果干燥

脱掉青皮和洗净表面的坚果，应尽快进行干燥处理，以促使坚果内部水分散失，降低坚果和果仁的含水率，提高坚果的质量和耐贮运能力。我区一般采取水泥地坪上晾晒和设备烘干 2 种方式。

场院晾晒（图 3-30）一般在天气晴朗的条件下，将洗净的核桃坚果直接摊放在水泥地坪上，摊放的厚度不超过 2 层，并应及时翻动。

图 3-29　核桃脱青皮

图 3-30　核桃自然晾晒

设备烘干是目前我区核桃干燥的主要措施和方法。坚果烘干利用烘干房、热风烘烤设备等，加速坚果脱水干燥。烘干房的容积和面积依烘干坚果多少而设计，热风烘烤主要用热气发生炉和鼓风机，使热风在烘干箱内循环，将水分和湿气排出箱外。根据热源分，烘干设备有电热加温、燃煤加温、木柴加温等。设备烘干的温度均应控制在 30～40 ℃，最高不能超过 45 ℃，以免种仁变质。坚果干燥度的判断方法是：种仁含水率为 6%～7%，坚果的内横隔易折断，果仁酥脆，坚果碰撞的声音响脆。

国外核桃采收后的加工工艺流程是：青皮果→脱青皮→坚果清洗（漂洗）→坚果干燥→坚果分级→破果壳→果仁分级→包装。

第七节　鲜食核桃冷藏及坚果贮藏

一、鲜食核桃冷藏

鲜食核桃是当今时令食品中的新类型，颇受市场的欢迎。方法是：将新鲜核桃脱除青皮，然后洗净、晾干，按批次、按等级放入−20～−10 ℃低温冷冻库中贮藏。根据保鲜时间长短确定冷藏库温度，2～5 个月后出库果采用−10 ℃左右冷藏；需 6 个月以上保鲜期的，采用−18 ℃以下的温度保存，其新鲜品质保持不变，可实现周年供应。鲜食核桃出库后，在贮藏保鲜期内既可放在市场冷冻货架销售，也可用冰柜、冰箱保鲜。超市在温度−10 ℃以下冷柜中的货架期可达 2 个月，家庭放在−10 ℃以下的冰箱或冰柜中的保鲜期可达数月。温度越低，贮藏保鲜的时间越长。

二、坚果贮藏

核桃坚果适宜的贮藏温度为 1～3 ℃。坚果的含水量宜低于 7%。

（一）室内干藏

将晾干的核桃装入有小孔的粗布袋或麻袋中，放在干燥通风的室内贮藏。此法适于少量、短期存放。应防止夏季潮湿、霉烂、虫害和变味。

（二）低温贮藏

长期贮存少量坚果，可将坚果封入聚乙烯袋中，置于 0～5 ℃的冰箱中，可保持良好品质 2 年以上。长期、大量贮存时，可用麻袋包装，贮存在 0～1 ℃的低温冷库中。大量的坚果应采用冷库贮藏。资料显示，在温度为 0～1 ℃、O_2 浓度为 2%～3%、CO_2 浓度为 15%～20%、相对湿度为 50%～60%的条件下，坚果可保存 1 年不变质。

（三）薄膜帐贮藏

在无冷库的地方可采用塑料薄膜帐密封贮藏核桃。做法是：选用厚 0.2～0.23 mm 的聚乙烯膜做成帐袋，其大小和形状可根据存贮量和仓储条件而定，秋季将晾干的核桃入帐。北方冬季气温低、空气干燥，可暂不密封，待翌年 2 月下旬气温逐渐回升时密封。帐内空气湿度应低于 50%，防止密封后坚果变质。当春末夏初气温升高时，可在密封的帐内充 CO_2 或充 N_2 来降低帐内 O_2 浓度（2%以下），以抑制呼吸、减少损耗、防止霉烂、酸败及虫害发生。帐内 CO_2 达到 50%以上或充 N_2 20%左右效果较为理想。

核桃贮藏过程中如有鼠害和虫害发生，可用溴甲烷（40～56 g/m^2）熏蒸冷库 3～10 h，或用二硫化碳（40.5 g/m^2）密封 18～24 h，杀鼠和除虫效果良好。

第八节　核桃坚果分级及其包装、储藏、运输

一、核桃坚果分级及分级标准

（一）分级的意义

核桃坚果分级是适应国际市场和国内市场需求、实行优级优价、保证商品质量、执行产品标准化、市场规范化的重要措施，也是产品市场竞争的需要。

（二）分级标准

在国际市场上，核桃商品坚果的价格与坚果的大小和质量有关，坚果越大价格越高。我国核桃坚果出口的标准是：坚果直径 30 mm 以上为一等，28～30 mm 为二等，26～28 mm 为三等。近

年我国开始组织出口直径为 32 mm 的商品核桃。出口核桃坚果除以果实大小作为分级的主要指标外，还要求坚果壳面光滑、洁白，核仁干燥（核仁水分不超过 4%），杂质、霉烂果、虫蛀果、破裂果总计不超过 10%。

二、新疆阿克苏地区分级方法

（一）风选

分品种进行：用核桃风选机对核桃进行风力选别，剔除杂质、空壳果和部分瘪仁果。

（二）分级

用核桃分级机处理：以核桃的横径为等级标准，利用滚杠的间隙大小，把核桃分为 3～4 个等级。

（三）人工精选

薄壳核桃要达到壳面洁净，含水率不高于 8%，缝合线紧密，无虫蛀、出油、霉变、异味，无杂质，未经有害化学漂白物处理。同时，要求品种纯正、核桃充分成熟并分拣出小果、空壳果、露仁果和破损果。

阿克苏地区主栽品种分级标准见表 3-8。

表 3-8 阿克苏地区主栽品种分级标准

项目	温 185			新新 2 号			扎 343		
	特级	一级	二级	特级	一级	二级	特级	一级	二级
壳厚度/mm	≤0.8			≤1.2			≤1.3		
单果重/g	>14.0	>13.0	>12.0	>12.5	>11.5	>10.5	>16.0	>14.0	>13.0
横径/mm	≥37	≥35	≥33	≥35	≥32	≥30	≥38	≥36	≥34
整齐度/%	≥95	≥93	≥90	≥95	≥93	≥90	≥95	≥93	≥90

续表 3-8

项目	温 185			新新 2 号			扎 343		
	特级	一级	二级	特级	一级	二级	特级	一级	二级
畸形果率/%	≤2	≤3	≤4	≤2	≤3	≤4	≤2	≤3	≤4
出仁率/%	≥60	≥57	≥55	≥52	≥48	≥43	≥51	≥48	≥45
空壳果率/%	≤1	≤2	≤3	≤1	≤2	≤3	≤1	≤2	≤3
破损果率/%	≤0.1	≤0.2	≤0.3	≤0.1	≤0.2	≤0.3	≤0.1	≤0.2	≤0.3
黑斑果率/%	≤0.1	≤0.2	≤0.3	≤0.1	≤0.2	≤0.3	≤0.1	≤0.2	≤0.2
坚果含水率/%	≤6.0	≤7.0	≤8.0	≤6.0	≤7.0	≤8.0	≤6.0	≤7.0	≤8.0

三、果仁分级

（一）分级的意义

核桃贸易主要有核桃仁和带壳核桃 2 种。实施和推广果仁分级标准，是提高我国核桃产品国际竞争力的重要前提。

（二）取仁方法

核桃取仁的方法分为人工取仁和机械取仁。人工取仁是我国当前采用的方法，根据坚果 3 个方位壳皮强度的差异及核仁结构，选用缝合线与地面平行放置敲击。由于阿克苏核桃壳薄易取仁的特点，新疆阿克苏地区目前多选用破壳机进行破壳取仁，按照取仁工作流程进行取仁，速度是人工取仁的 3～5 倍。

（三）分级标准

中国核桃仁质量分级，通常采用以下 2 种方法。

（1）按果仁完整程度划分为 4 路

整仁，俗称“大蝴蝶”（不纳入分级）；

①半仁，俗称“头路”；

②1/4 仁，俗称“二路”；

③1/8 仁，俗称“三路”；

④碎仁，俗称“四路”。

（2）按果仁颜色和大小分为 10 级（俗称“路”）

①白头路：1/2 仁，淡黄色；

②白二路：1/4 仁，淡黄色；

③白三路：1/8 仁，淡黄色；

④浅头路：1/2 仁，浅琥珀色；

⑤浅二路：1/4 仁，浅琥珀色；

⑥浅三路：1/8 仁，浅琥珀色；

⑦深头路：1/2 仁，深琥珀色；

⑧深二路：1/4 仁，深琥珀色；

⑨深三路：1/8 仁，深琥珀色；

⑩混四路：碎仁，不分颜色。

（四）分级方法

我国核桃仁的分级方法主要是目测，按颜色级别手工分级。美国核桃仁的分级采用电子分色分级机进行，不符合规定的核桃仁通过气流被剔除。

四、核桃的包装、储藏、运输

（一）包装

分级后的核桃，要用干燥、结实、清洁和卫生的包装材料包装，且要求该材料无异味，不会对果实造成伤害和污染，具有良好的通气性。各包装件的表层核桃在大小、色泽等各方面均应代表整个包装件的质量情况。编织袋包装，每袋 25 kg，包口用针线缝严；果壳薄于 1 mm 的核桃可用纸箱包装。在包装袋的左上角标明产地、批号。包装检验与抽样同时进行，对不符合规定的包装容器和包装方法，应予以更换。

（二）储藏

核桃的储藏场所应清洁、通风、无异味。不得使用有损产品质量的保鲜试剂材料，产品不得与有毒、有害的物品混合存放。

普通室内储藏法：适于短期存放。将晾干后的坚果装入布袋、麻袋或者装入筐内，选择通风、干燥阴凉、背光的地方储藏。为避免潮湿，最好在坚果下垫隔离材料，以防鼠害。少量种用的核桃可装在布袋中挂起来。

低温储藏法:长期储藏核桃应储存在 0～1 ℃的低温冷库中,效果好。在无冷库的地方,可用塑料薄膜帐密封储藏。选用厚度为 0.2～0.23 mm 聚乙烯膜做成帐,帐的大小和形状可根据数量和存储条件来设置,帐内含氧量在 2%以下。如果储量不多,可将坚果封入聚乙烯袋中,储藏在 0～5 ℃的冰箱、冰柜中,可保存 2 年以上。

北方冬季气温低、空气干燥，秋季入帐的核桃，不需要立即密封，待翌年 2 月下旬气温回升时，再进行密封。密封应选择低温、干燥的天气进行，使帐内空气相对湿度不高于 50%，以防密封后霉变。一般长期储藏核桃，其含水量不得超过 7%。在低温（1.1～1.7 ℃）条件下储存核桃仁，可保持 2 年不酸败。核桃在库房中要加强防霉、防虫蛀、防出油、防鼠害等措施。

（三）运输

运输工具要求清洁卫生，无异味，不得与有毒有害物品混运。装卸核桃时轻拿轻放。待运时批次分明、堆码整齐、环境清洁、通风良好。严禁烈日暴晒、雨淋，注意防冻、防热，缩短待运时间。在运输过程中，应防止雨淋、污染和剧烈的碰撞。

第四章

核桃采摘加工机械装备与应用

第一节　核桃采摘机械

在传统观念中，核桃采收主要是依靠“棍棒敲打”模式，不仅劳动量大、成本高，甚至还对核桃花芽造成不可逆的伤害，影响第二年产量。如遇阴雨天气，一旦采收不及时，就会增加核桃霉菌感染的概率，尤其是果壳较薄、缝合线不紧实的“温 185”核桃品种，严重影响核桃的品质和价格。近几年，采摘摇树设备能在我国核桃采收过程中得到快速运用，得益于其操作简单、运行安全、工作稳定、成本低、效率高等优点，在采摘过程中实现了大幅节省用工成本、降低劳动强度、减少安全隐患的目的，普遍得到市场的认可，受到广大核桃种植户的青睐。因此，走机械化采收道路是实现核桃产业可持续发展的必然趋势。

为实现较高的核桃采摘率，获得较优品质的果实，尽可能的减少脱青皮的工作量，应充分遵循适时采收的原则。核桃成熟早晚与品种类型、气候环境、立地条件息息相关。核桃果实青皮由深绿色渐变黄绿色，树上青皮核桃1/4左右开裂，有少量果实落地为宜。

一、振动式采摘机

振动式采摘设备在核桃采摘研发、应用过程中最为常见。其工作原理是借助激振器装置产生不同频率的振动，并将机械振动传递给树干或树冠，树干或树冠在接受了外加的强迫振动后，带动枝干上的核桃振动，核桃同时受到惯性力的作用，当惯性力大于果实与树枝的结合力时，果实在连接最弱处与植株断裂，完成分离过程。根据树干振摇的方式研制了一款便捷式核桃采摘机，结构图如4-1所示。作业时，将支架圆弧面紧挨核桃树主干，使链条围着树干与支架挂钩相扣，经手柄拉动链条夹紧树干。汽油机将动力通过软轴传递至激振器，并产生振动作用于核桃树主干，带动结果枝的振动，最终使核桃果实脱落。此设备激振频率调节范围在0～50 Hz，最大激振力为13 kN，生产率每小时大于25棵树，采净率高于90%，整机重10.5 kg，方便人工背负操作，可满足密植核桃园的采收作业要求。

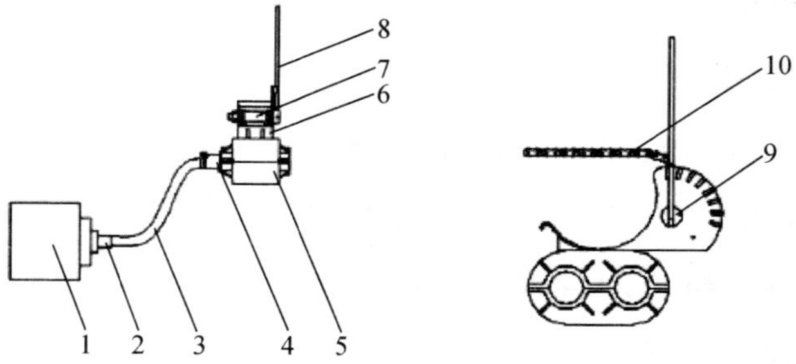

1. 汽油机　2. 联轴器　3. 软轴　4. 连接筒　5. 激振器

6. 支架　7. 链轮　8. 手柄　9. 销轴　10. 链条

图4-1　便捷式核桃采摘机的装配图

新疆农垦科学院机械装备研究所针对新疆特色林果机械采摘，设计出了机械振动式林果采收机，结构如图 4-2、图 4-3 所示。作业时，机械设备的钳式振动头夹持住核桃树体主干或主枝，由拖拉机后输入轴提供动力，驱动振动头内置的偏心轮回转机构推摇树体使果实振落。该机械适宜于株行距 5 m×6 m 及以上的核桃果园进行采收作业，可对树干直径 12～30 cm 的核桃树进行机采，每小时可完成 50 株树的采摘量。

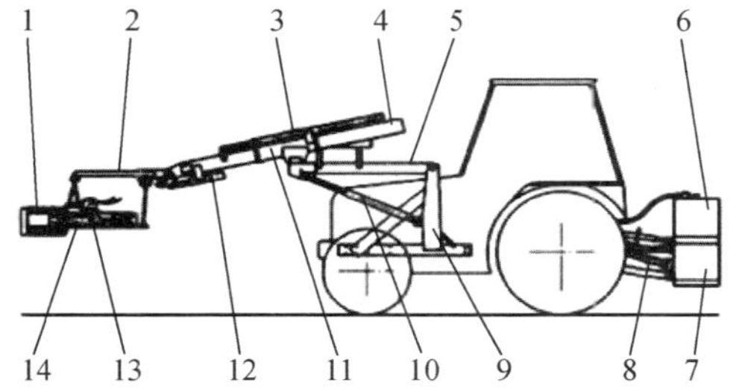

1. 钳式振动头　2. 振动头悬挂叉　3. 推拉液压油缸　4. 伸缩支臂　5. 主梁架　6. 油箱　7. 配重　8. 传动轴　9. 左右侧面支架　10. 支撑液压油缸　11. 套管　12. 纵向液压油缸　13. 液压马达　14. 夹钳开闭液压油缸

图 4-2　机械振动式林果采收机总体布局图

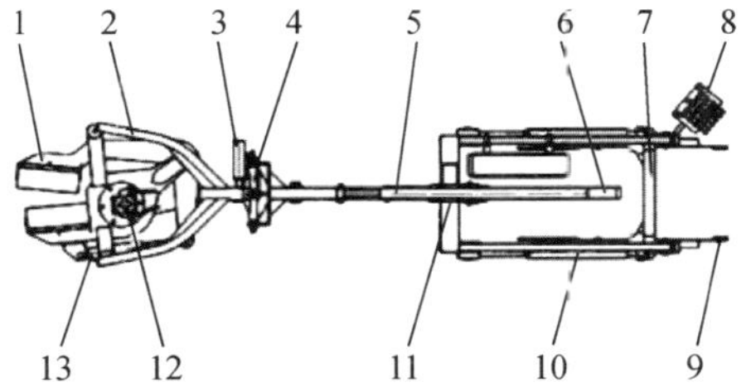

1. 钳式振动头　2. 振动头悬挂叉　3. 横向液压油缸　4. T 形轴套　5. 推拉液压油缸　6. 伸缩支臂　7. 主梁架　8. 液压控制阀　9. 左右侧面支架　10. 支撑液压油缸　11. 套管　12. 液压马达　13. 夹钳开闭液压油缸

图 4-3　果树振摇装置俯视图

新疆农业大学机械交通学院研制了振动式林果采摘机，结构如图 4-4、三维模型如图 4-5 所示。该采摘设备由拖拉机后牵引提供动力，其导杆套经悬挂吊环、悬挂板连接振动头，作业时调节横向伸缩液压缸，推动导杆套带动振动头向外伸缩，调节到适宜位置时，再调节夹持液压缸使夹持机构夹紧树体主干，随后启动激振液压马达并带动偏心块旋转，产生的激振力借助夹持机构传递到主干，促使果树产生一定频率及振幅的受迫振动，最终使核桃果实从果柄处脱落。

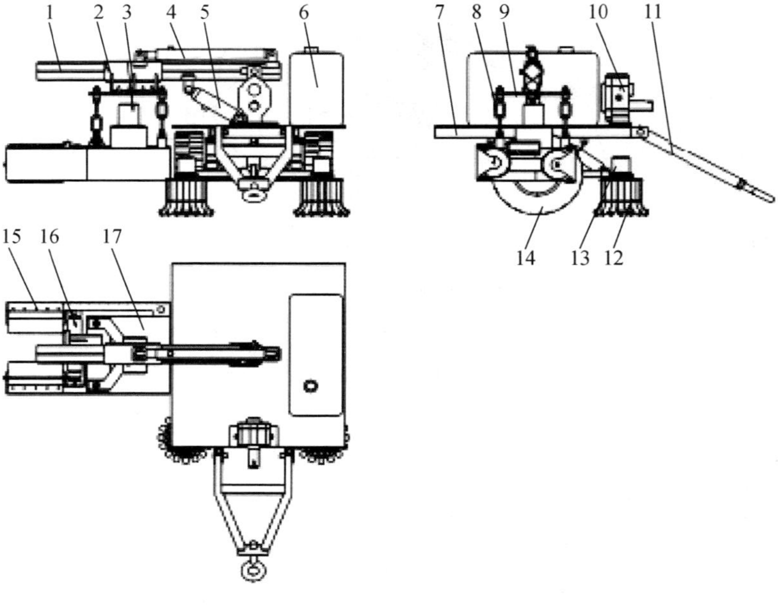

1. 悬挂横梁　2. 导杆套　3. 激振液压马达　4. 横向伸缩液压缸　5. 高低调节液压缸　6. 油箱
7. 机架 8. 悬挂吊环　9. 悬挂板　10. 液压泵　11. 牵引架　12. 橡胶集条棒
13. 清扫液压马达　14. 车轮　15. 夹持器　16. 夹持液压缸　17. 振动箱体

图 4-4　振动式林果采摘机的总体结构图

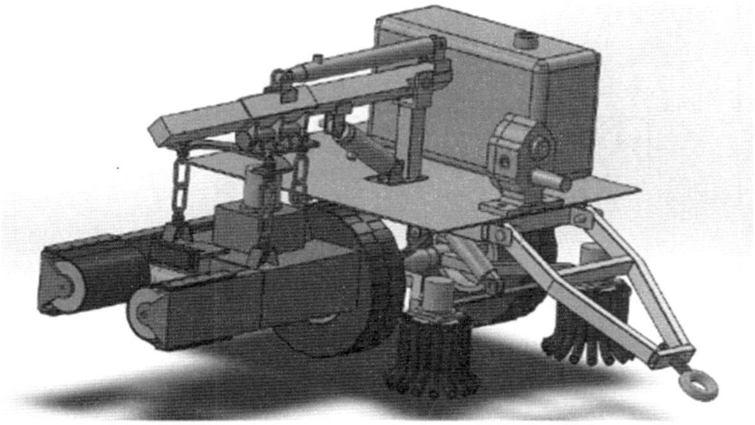

图 4-5 采摘机三维模型

石河子大学机械电气工程学院进行了一种核桃采收设备的设计及理论研究，结构如图 4-6、图 4-7 所示。采收设备作业时，其底部的四点挂接架连接到装载机动臂及摇臂上，装载机在核桃树行间一侧以特定的速度行走，液压马达启动后，驱动曲柄滑块机构带动拨杆圆盘的直线往复运动，拨杆圆盘往返击打树冠的同时受树枝阻力而转动，并将复合振动传递给核桃果实，当果实所受惯性力大于其果柄拉断力时，果实脱落，实现核桃采收。设备中拨杆圆盘受到树枝阻力后可转动，有效降低了采收过程中对核桃树枝的损伤。

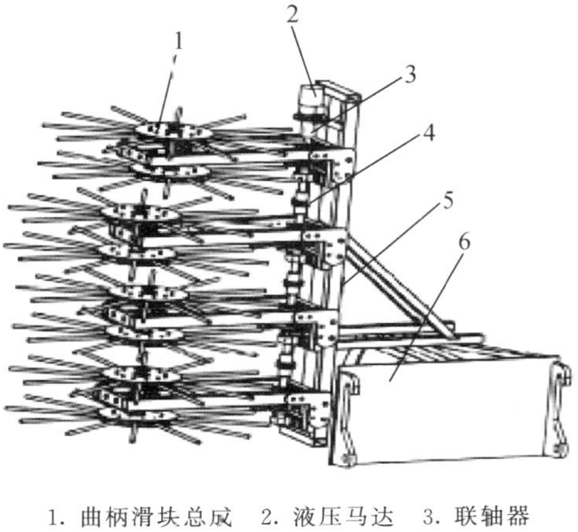

1. 曲柄滑块总成　2. 液压马达　3. 联轴器

4. 滚子链联轴器　5. 连接架　6. 四点挂接架

图 4-6 核桃采收装置结构图

陕西科技大学机电工程学院研制了一种液压式核桃采摘机，结构如图 4-8 所示。液压机械作业时，先通过操

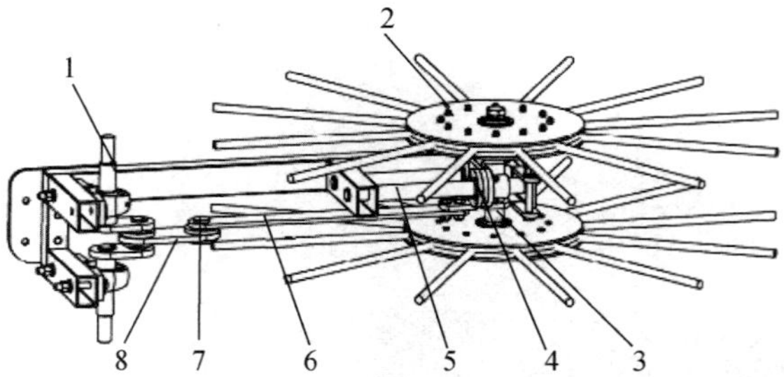

1. 分离式曲轴单拐　2. 拨杆圆盘　3. 圆盘轴　4. 直线轴承

5. 导轨　6. 连接杆　7. 连接轴　8. 连杆组件

图 4-7　曲柄滑块总成结构图

作控制阀调节支撑液压缸，调整激振器合适的水平高度，然后调节连接机械臂，使激振器靠近树干适宜位置，操作悬挂液压控制阀、左右夹耳的液压缸，最终实现对树干的夹持。待激振器夹紧、夹稳树干后，启动马达，带动激振器振动，完成核桃树的振动落果采收作业。

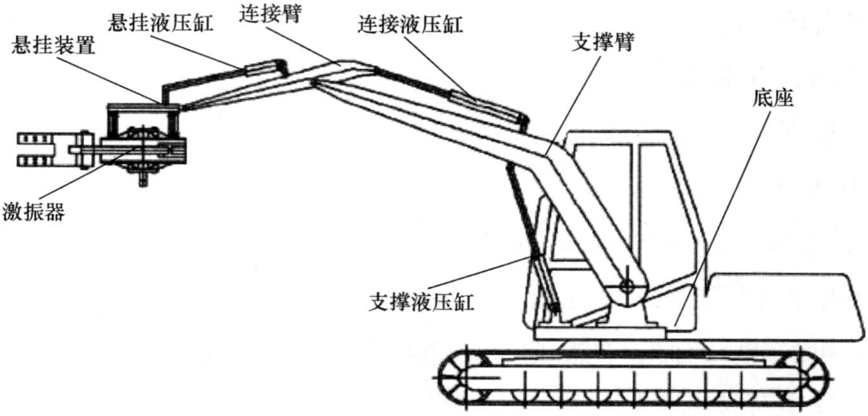

图 4-8　液压式核桃采摘机整体结构图

二、撞击式采摘机

撞击式采摘机包括机械或电磁激励装置、撞击器（图 4-9）等。撞击器由撞击杆、保持架、主活塞、蓄能器、汽缸、流量阀、C 形夹钳七部分组成。通过机械、电磁激励装置产生振动，促使果实快速脱落，减少了果实在连续振动过程中产生的损伤，多适用于老、弱核桃树的采摘。

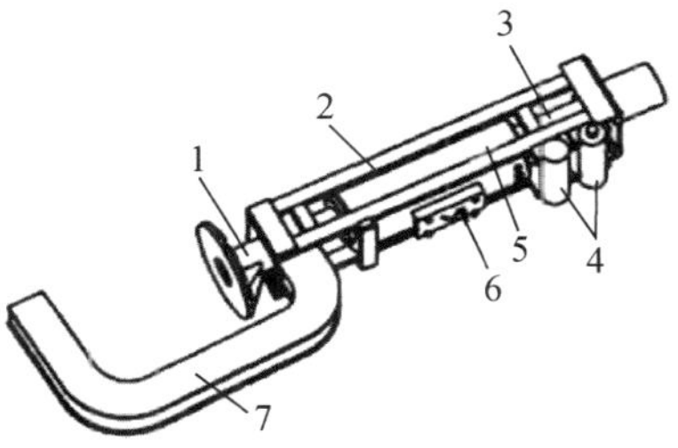

1. 撞击杆　2. 保持架　3. 主活塞
4. 蓄能器　5. 汽缸　6. 流量阀
7. C 形夹钳

图 4-9　撞击器结构示意图

目前市场上较为常见的核桃采摘摇树机多是一种依靠拖拉机后输入轴提供动力，通过变速箱连接曲轴连杆或直接连接曲轴连杆，通过安全带或钢丝绳连接曲轴连杆与核桃树干或主枝，当动力设备工作时，可带动绳索紧松交替，促使核桃树体剧烈抖动，核桃脱落。后期多家厂家对摇树机进行改进，安装了转动板，转动板围绕固定板中部的螺栓左右 60°旋转，在生产中可节约调整拖拉机与树体角度的时间，提高了工作效率。

理想状态下，采摘摇树机每小时可采收 3 亩（5 m×6 m 株行距）核桃园，效率比人工敲打作业提高了 15～30 倍。

新疆多数果园密植化程度高，不利于大型采摘摇树机的发展。小型、便捷式摇树机在一定程度上提高了工作效率，但对 25 年树龄以上的核桃树进行采摘，明显存在动力不足、采摘率不高的问题。市场中通过绳索进行连接的摇树机，当角度不合适时容易造成树枝的劈裂，造成树体不可逆的损失。

新疆走农业机械化及其自动化发展道路，要先摒弃传统观念的庭院小果园式经营方式，发展产业化、规模化、标准化核桃果园栽培模式。采摘机的灵活度、操控性还需要在现有的基础上进一步地改善、研究，基于新疆核桃果园种植模式的多样性，采摘设备还需向体型紧凑、操作方便、采摘率高的方向发展。尽快研发核桃机采落地果收集设备、核桃落果接载装置，实现核桃采摘与收集装置的集成与配套。

第二节　核桃采后处理机械

一、脱皮机械

核桃脱青皮是采收后的主要环节，也是影响核桃坚果质量和品质的重要环节。机械脱核桃青皮相比传统的人工脱青皮，设备具有体积小、移动方便、操作简单、使用安全、工作效率高等优点。在新疆核桃主产区域，种植户几乎每家一台，充分说明其在脱青皮方面发挥的重要作用。

机械脱皮前应对青皮核桃进行必要的处理，以提高离皮率，生产中应根据不同品种区别对待。在核桃充分成熟后进行采收，尽可能将已经脱掉青皮的核桃与青皮核桃分别进行收集，对已经脱掉青皮的核桃直接进行下一步的清洗环节，尽可能地保证坚果表面的洁净，以减少壳面的污染概率，提高核桃商品果外观品质。机械脱皮前，选择阴凉通风处，对收集的青皮核桃进行堆积处理，应避免在高温下暴晒，防止核桃仁发热变色变质。堆积 50 cm 左右的高度，表面覆盖草帘、秸秆杂草等物，提高堆内温度进而促进青皮与核桃壳的分离。一般堆沤时间 4～6 d，当核桃青皮开裂果达到一半以上，即可进行机械脱青皮处理。为达到快速脱青皮的目的，生产中多借助乙烯利进行脱青皮。配置 0.3%～0.5%的乙烯利溶液，均匀地喷洒于堆沤的青皮果表面，覆盖保湿的草帘等物，一般 3～4 d 即可进行机械脱皮。乙烯利溶液浓度及堆沤时间均与核桃成熟度密切相关，当青果成熟度较高，喷洒的乙烯利浓度宜低，堆沤所需的时间也就越短。青皮核桃的堆沤时间不宜过长，以免青皮发黑流出汁液，污染核桃果壳及果仁，影响品质。

按照脱皮机械的工作原理，目前市场上常见的青皮核桃脱皮机主要有以下几种类型：

（一）挤压脱皮类型

陕西省农业机械研究所根据挤压脱皮原理，设计出一种核桃青皮脱皮机，结构示意图如图 4-10 所示。设备工作时，转动主动辊筒将料斗内的青皮核桃送入辊筒与压板之间的间隙（即去皮区域），再通过压板与辊筒的挤压、滚动碾搓作用将核桃硬壳与青皮分离开。

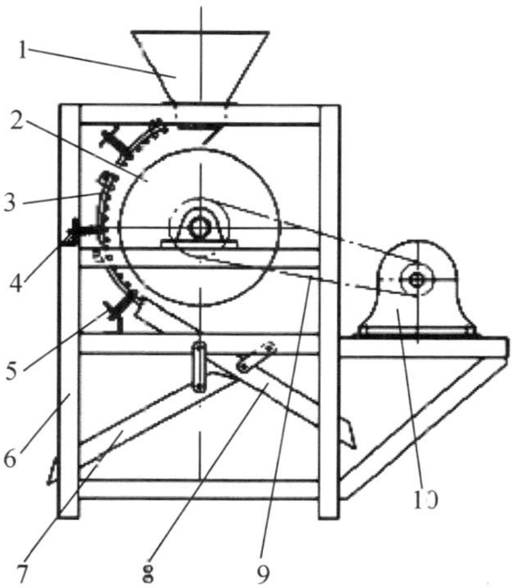

1. 料斗　2. 主动辊筒　3. 压板
4. 限位机构　5. 弹簧　6. 机架
7. 出皮板　8. 出料板
9. 链传动　10. 减速电机

图 4-10　青核桃去皮机结构示意图

（二）碰撞脱皮类型

新疆农业科学院农业机械化研究所自制的离心筛网式青核桃脱皮机，主要由出料口、传动系统、筛网、栅条、螺旋导料装置、进料口、减速器、电机、机架等部件组成，结构示意图如图 4-11 所示。

设备作业时，电机带动滚筒旋转，致使滚筒内的青皮核桃及青皮核桃与栅条之间不断产生碰撞、摩擦，进而使核桃青皮破裂、脱离果壳，脱落后的青皮碎片及液汁最后从栅条间隙中漏出。滚筒内未脱净的青皮核桃混合物在螺旋导料装置的传送下进入筛网段，混合物在向心力的作用下不断滚动，并与筛网及物料间相互撞击摩擦，最后将青皮磨成液汁状从筛网孔眼中甩出。该类型设备无间隙调节，结构简单，对青皮核桃外观大小无须挑选，对品种及成熟度要求较低，适应性强。

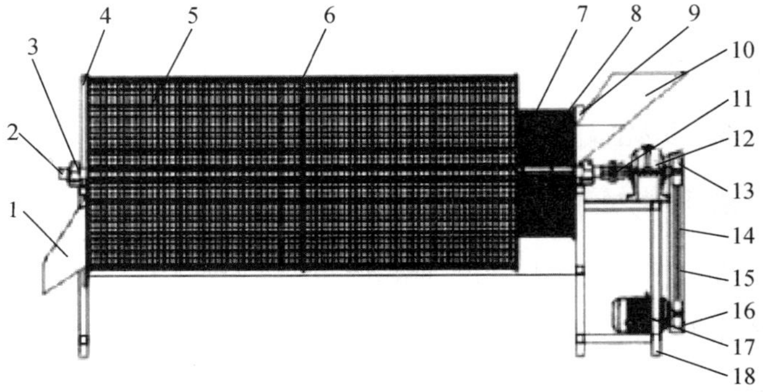

1. 出料口　2. 传动轴　3. 轴承　4. 出口挡料板　5. 筛网　6. 连接法兰　7. 栅条　8. 螺旋导料装置　9. 进口挡料板　10. 进料口　11. 联轴器　12. 减速器　13. 传动皮带轮　14. 皮带　15. 皮带罩　16. 电机带轮　17. 电机　18. 机架

图 4-11　离心筛网式青核桃脱皮机结构示意图

（三）切割脱皮类型

新疆农业科学院农业机械化研究所研制的 6TXH-600 型青核桃脱皮清洗机，如图 4-12 所示。该设备主要有机架、栅条圆筒、滚刀、栅条、旋切滚筒、喷淋管等部件组成。青皮核桃经入料口运送到旋切滚筒，旋切滚筒转动时带动青皮核桃沿滚筒切线方向运动并摩擦栅条，在滚刀的切削和滚筒与栅条之间的挤压、摩擦作用下将青皮剥离下来，并将青皮从滚筒栅条间隙中分离出去。设备运行时，经喷淋管喷射出水冲洗核桃表面，少量未削净的青皮在筛网中被钢丝毛刷清除，最后从出料口排出。

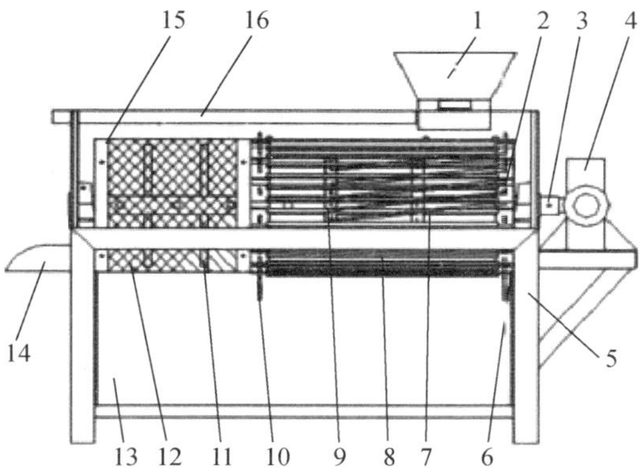

1. 入料口 2. 挡料板 3. 传动轴 4. 电动机 5. 机架 6. 栅条圆筒 7. 滚刀 8. 栅条 9. 旋切滚筒 10. 定位销 11. 钢丝毛刷 12. 筛网 13. 出杂口 14. 出料口 15. 防护罩 16. 喷淋管

图 4-12 6TXH-600 型青核桃脱皮清洗机结构示意图

市场上核桃脱青皮机器虽然种类繁多，但由于不同品种的核桃其果个大小、形状差异、核桃壳及青皮厚度各异，致使脱皮装置适应性差，青皮剥净率低，破壳率较高。在生产中种植户应根据不同核桃品种、果实产量、脱青皮效果等方面选择适宜的核桃脱皮装置，部分产品如图 4-13 所示。

二、清洗机械

核桃脱青皮后，如不及时进行清洗，易造成青汁液的渗入，对核桃壳及核桃仁形成污染，影响核桃的商品性。目前市场上常见的核桃清洗机械多是滚轮式清洗机，这种清洗机主要由圆形毛刷辊、钢筋围成的圆柱、喷淋设备及电机等部件组成，如图 4-14 所示。此类机械成本低、结构简单、使用操作方便，可完成 500 kg/h 以上核

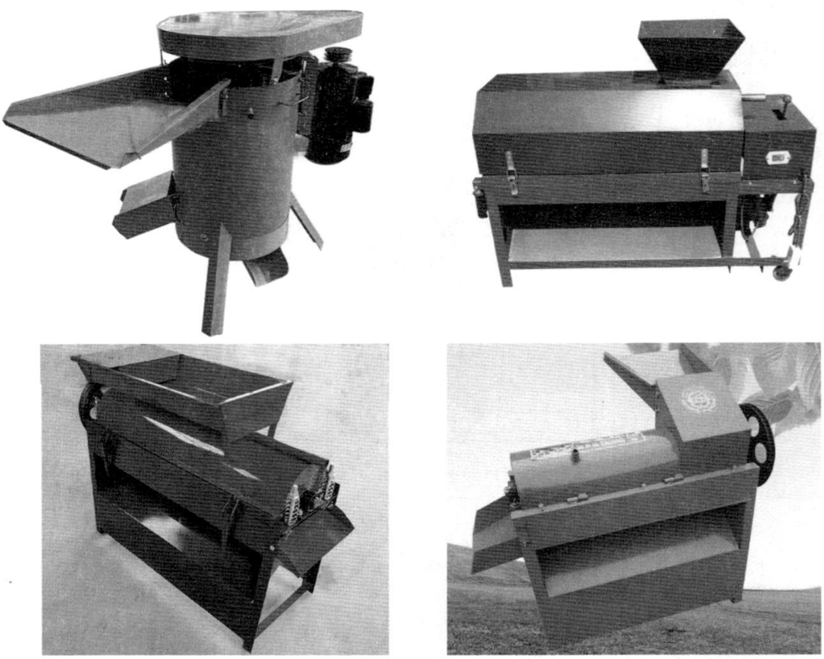

图 4-13　几种青皮核桃脱皮机样机

桃的清洗，耗电约 1.5 kW·h，能极大地提高工作效率，且在清洗过程中不会造成核桃破碎。

图 4-14　滚轮式核桃清洗机

新疆农业科学院农业机械化研究所设计了一种连续式核桃清洗机，如图 4-15 所示。设备作业时，启动电机，同时打开喷淋设备，多组毛刷辊带动核桃不断翻滚、转动，核桃在相互摩擦的作用下被毛刷刷洗，同时受到一定压力的水流冲洗，核桃表面粘有残留的青皮、汁液、泥土及其他污物被清洗干净，最后随螺旋输送辊推送到出料口，该机采用连续式作业，效率高，故障率低。该设备在核桃清洗过程中洗净率≥95.0%，破损率≤3.0%，在螺旋最佳转速 25 r/min 时，可清洗核桃 2 t/h 以上。

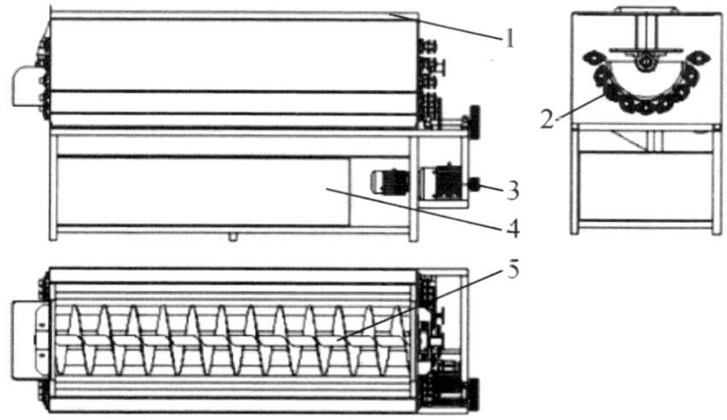

1. 喷淋设备　2. 清洗毛刷辊　3. 动力装置　4. 水箱　5. 螺旋输送辊

图 4-15　连续式核桃清洗机示意图

为减少核桃脱青皮后不能及时进行清洗而造成污染的概率，目前有研究者将青皮核桃的脱皮与清洗两个环节融为一体，造出脱皮清洗一体机。段乐乐等研制的齿辊钢刷式青核桃脱皮机由机架、机壳、电动机、主轴、齿辊、钢刷、筛网、清洗装置等部件组成，如图 4-16 所示，主轴上安装齿辊与钢刷，筛网固定在机架上。设备工作时，主轴上的齿辊将核桃青皮划破，在钢丝刷的作用下将划伤的青皮核桃轻压在筛网上，钢丝刷带动核桃一起轴向滚动，并与筛网形成摩擦，去除核桃上的青皮。同时通过机壳上安装的水管喷洒冲洗核桃壳表面青皮残留物，完成核桃脱青皮及清洗流程。加工核桃达到 1 800 kg/h，脱净率≥95%，破损率≤2%。

冯宏波等人研发了 5QHT-500 型青核桃脱皮清洗机，每天加工量达到 5 t 左右，结构如图 4-17 所示。刘西宁等人研发了 6TXH-3600 型青核桃脱皮清洗机，生产率可达 3.6 t/h，结构如图 4-18 所示。

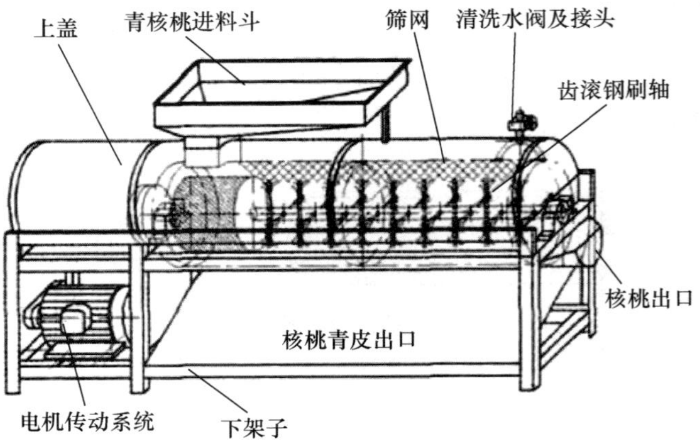

图 4-16　齿辊钢刷式青核桃脱皮机示意图

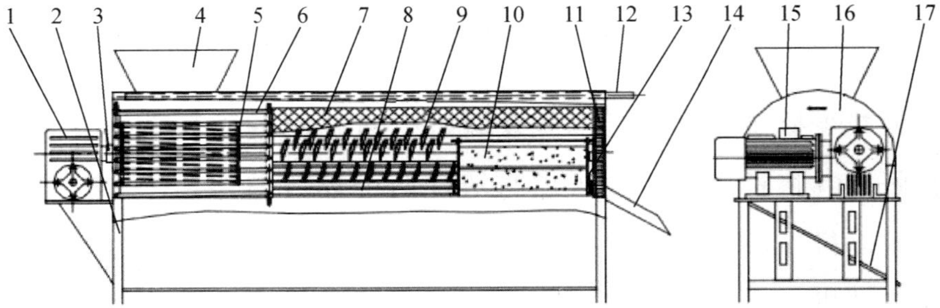

1. 减速器　2. 机架　3. 主轴　4. 喂料口　5. 旋切滚刀　6. 可调格栅　7. 网罩
8. 固定格栅　9. 钢丝毛刷　10. 清洗短毛刷　11. 链条齿轮盘　12. 喷水器
13. 小齿轮盘　14. 出料口　15. 电机　16. 机罩　17. 出渣板

图 4-17　5QHT-500 型青核桃脱皮清洗机示意图

三、烘干机械

核桃经脱青皮、清洗环节后，要及时进行烘干，避免核桃仁发霉，影响核桃品质和价格。传统的核桃脱水工艺主要通过将其平铺地面，自然晾干，这种方法虽然简单、成本较低，但晾晒时间较长，一般需要 5～10 d 的时间才能达到要求，同时在晾晒的过程中，

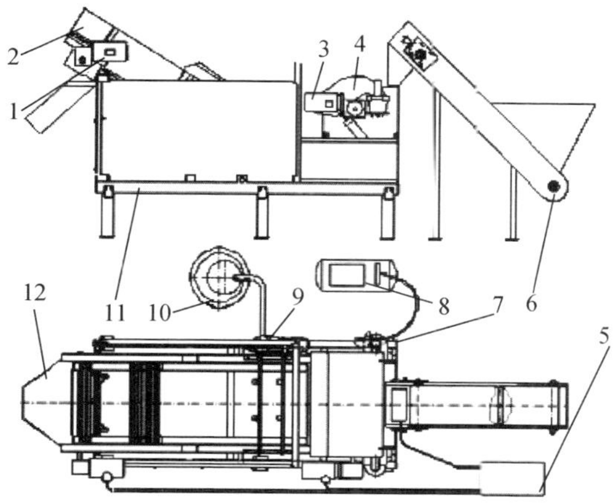

1. 清洗输送带电机　2. 清洗输送带　3. 脱青皮滚筒电机　4. 脱青皮滚筒　5. 电控箱
6. 物料升运器　7. 气动间隙调节系统　8. 空压机及管路　9. 清洗系统
10. 水桶、水泵及管路　11. 机架　12. 接料漏斗

图 4-18　6TXH-3600 型青核桃脱皮清洗机示意图

受天气影响较大，需要不间断的翻晒，工作量较大。

我国的烘干技术开始于新中国成立初期，近几年开始逐渐推广起来，烘干机市场保有量不断扩大，促使核桃加工、生产效率稳步提高。我国的核桃烘干机大致分为盘式、带式、滚筒式、固定深床式。其中，盘式烘干机由于结构简单、操作方便等优势在国内市场应用最为普遍；带式烘干机对电网的要求较高，由于其功率大，需要严格的质量控制技术和保养维护能力，并不适于农户分散推广；固定深床式烘干机主要运用于国外，国内部分学者也展开了相关研究，技术成熟。

常见的烘干机主要由加热装置、控制系统、进气及排气装置构成。设备工作时，通过加热装置将常温空气转变成热空气，并送入烘干室，使平铺的核桃受热后蒸发出水分，再经过排气装置把含有大量水蒸气的空气排出烘干室，最终达到烘干核桃的目的。控制系统的作用主要是通过调节加热装置、进气及排气装置来控制烘干室的温度和湿度，在确保品质和质量的前提下将核桃快速烘干。加热装置、控制系统、进气及排气结构等方面随着技术的革新而不断优化、改进，烘干水平也得到极大的提高。

HG-120 型果品烘干机为盘式干燥设备，总体使用热风大循环方式干燥。其结构及工作原理是利用燃煤炉提供热量，随即借助轴流风机，将热风吹入干燥室，依靠特定的温湿度采集器实现控制。当室内温度高于设定值时，鼓风机停止运转，热量降低；当室内温度低于设定值时，鼓风机自动工作，实现热量增加。当干燥室内湿度高于设定值时，排湿风机开始工作，湿度下降；当湿度低于设定值时，排湿风机自动停止，湿度增加。烘干时将核桃放入托盘，随后连同托盘放入架车，推进干燥室进行烘干。结构如图 4-19 所示。

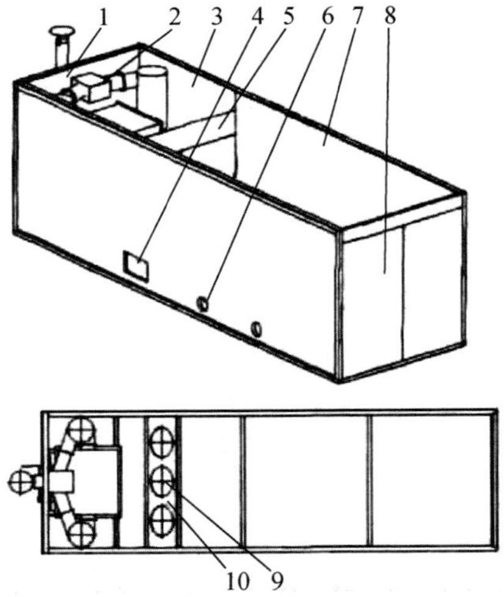

1. 烘房后板　2. 烘干炉　3. 烘房侧板　4. 补风口　5. 中间板　6. 排湿风机
7. 烘房顶板　8. 烘房门　9. 高效低噪声循环风机　10. 循环风机安装板

图 4-19　HG-120 型果品烘干机结构示意图

5HH-3000 型核桃烘干机为固定深床式干燥设备，主要由提升机、保温箱板、导料槽、闸门、骨架、筛网等部分组成。设备工作时，清洗后的核桃经提升机，从干燥腔上方开口处装入，在重力作用下，核桃随机堆积在筛网斜面，等装料完成后，开启热源并驱动风机对核桃进行干燥，温湿度传感器能实时监测干燥腔中核桃的温度、湿度，根据烘干工艺对环境温度的需要，可随时调整干燥温度。干燥完成后，在重力及核桃间压力的作用下，干燥腔中的核桃经导料槽卸出，随后进行装袋包装。结构如图 4-20 所示。

结构如图 4-21 所示的是由张洪洲等人设计的一种核桃自动烘干装置及控制系统。设备工作时，将脱皮后的鲜核桃从喂料口装入烘干筒，中心转动轴在控制器设定下开始转动，叶轮低速转动，同时控制热风装置产生热风，并通过进风孔吹入烘干筒内部，作用

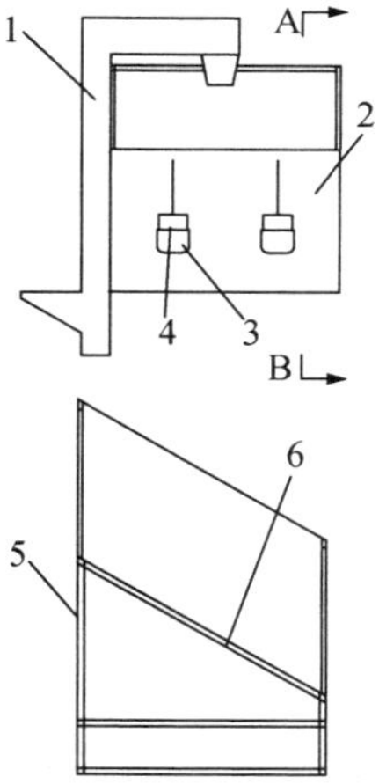

1. 提升机　2. 保温箱板
3. 导料槽　4. 闸门
5. 骨架　6. 筛网
A. 核桃进口　B. 核桃出口

图 4-20　5HH-3000 型核桃烘干机结构示意图

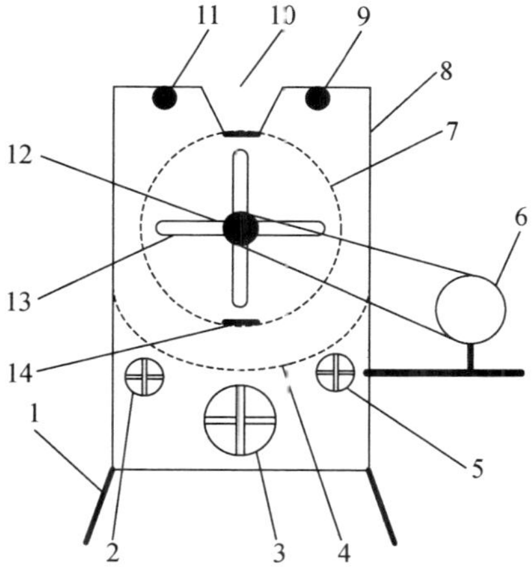

1. 机架　2、3、5. 风机　4. 热电阻
6. 减速电机　7. 烘干筒　8. 防护罩
9、11. 温湿度传感器　10. 喂料口、排风口
12. 中心转动轴　13. 叶轮　14. 出料口

图 4-21　核桃烘干装置结构示意图

在核桃上。烘干机内的温湿度情况由温湿度传感器实时进行监控，温度采用 PID 方式控制烘干机内的温度，当湿度达到阈值时，在控制器的作用下排风口自动打开。

四、分选机械

（一）空瘪类核桃分选

在完成核桃脱青皮、清洗、烘干等一系列工序后，挑选除去部分空壳、干瘪的核桃是优质核桃商品化处理的必要环节之一，而这部分核桃在外观上无异于优质核桃，传统的挑选主要是凭借双手逐个挑拣、掂量，这种方法需要工人具有一定的经验，并且挑拣效率低，还容易遗漏。市场对优质核桃挑选要求不断提高，为了更好地提高工作效率，降低人工成本，多款核桃分选机应运而生。

根据优质核桃与空瘪核桃的空气动力学差异，陕西省农业机械研究所研制了 5X-150 型核桃分选机，实现了空瘪核桃的快速挑拣，最大生产率为 300 kg/h，平均分选率达到 99%以上，极大地提高了工作效率，结构如图 4-22 所示。此设备工作时，首先启动风机、振动给料器的电源，调节手动风量调节阀的角度。随着核桃被倒入进料斗，在重力的作用下从进料斗流进料槽，随后核桃在振动给料器的作用下单层平铺满整个料槽面，并被输送至进料管的入口处，进料管中有气吸

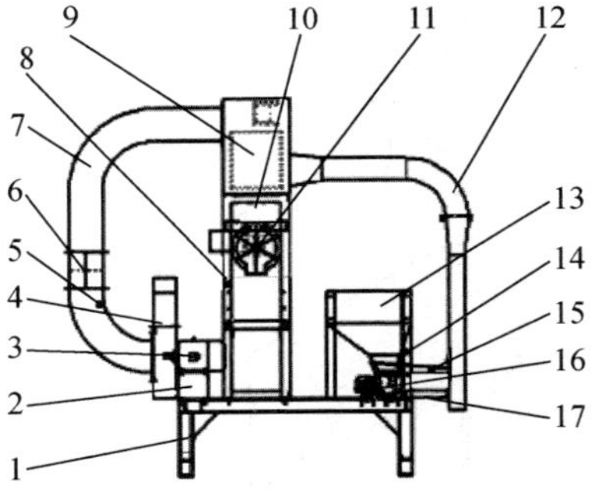

1. 机架 2. 电机安装架 3. 电机 4. 风机 5. 下回风管 6. 手动风量调节阀 7. 上回风管 8. 卸料箱连接件 9. 卸料箱 10. 出料斗 11. 自动卸料器组合装置 12. 进料管 13. 进料斗 14. 进料斗连接件 15. 料槽 16. 振动给料器 17. 进料管加固件

图 4-22 5X-150 型核桃分选机结构图

式气流，在重力和气吸式气流的作用下，优质核桃下降，空瘪核桃顺着进料管被吸入卸料箱，并经卸料箱流进出料斗，通过自动卸料器组合装置将其自动排出设备。

新疆农业科学院农业机械化研究所根据风选法研制了一款核桃风选分离装置，该装置主要由调风板、风选通道、振动喂料装置、振动电机、机架、风机等部件组成，如图 4-23 所示。装置启动时，通过振动喂料装置把核桃原料均匀地单层排列进入风选通道，在自身重力作用下下落。风机启动后，在分选通道内产生气流速度，下落的核桃在气流作用力作用下，使重量较轻的空瘪核桃向上运动，从废料口排出，而重量正常的优质核桃则下落到卸风板，再从出料口排出到收集箱，进而实现了优、劣核桃的分离。在生产中可根据核桃分选的实际情况来调节调风板的角度，控制风力大小，最终适应不同品种核桃的分选工作。当风机转速为 2 900 r/min、调风板倾角为 80°时，喂入量为 900 kg/h，清选率达到 98.95%，损失率仅为 1.24%。

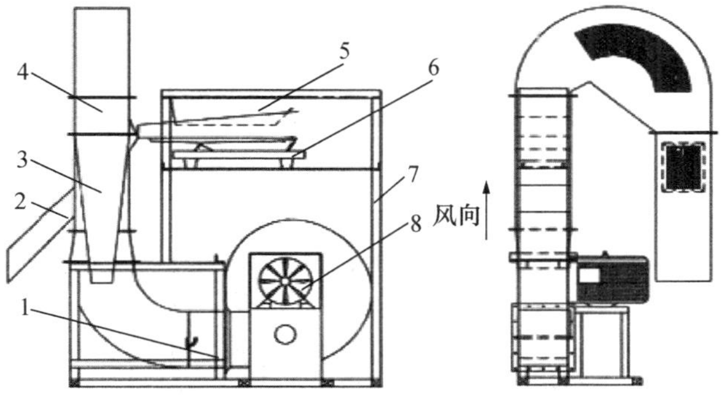

1. 调风板　2. 出料口　3. 废料口　4. 风选通道　5. 振动喂料装置

6. 振动电机　7. 机架　8. 风机

图 4-23　核桃风选分离装置整体结构图

（二）大小类核桃分选

核桃果品大小分级主要是按照果实尺寸来划分。新疆石河子职业技术学院针对新新 2 号、扎 343 两个新疆核桃品种的分级研制了一款核桃分级机，结构简图如图 4-24 所示。设备作业时，将核桃干果倒入喂料斗，并有限量板来控制进入分级装置的核桃数量。核桃在分级辊的运动及摩擦底板的作用下持续滚动，并不间断地调整姿态，最终促使核桃干果以短径方向支撑在相邻分级辊间。核桃随着分级辊的运动离开摩擦底板，相邻间分级辊的空隙逐渐由小变大，在重力的作用下，果个较小的核桃优先从分级辊的间隙落下，尺寸较大的核桃则随着分级辊的运动在下一段适合的分级辊间隙处落下，最终达到分级核桃干果的目的。运用同样的原理，新疆农业大学研制了 6FG-900 型核桃分级机，该设备的分级准确性较高，且不会造成核桃的损伤。

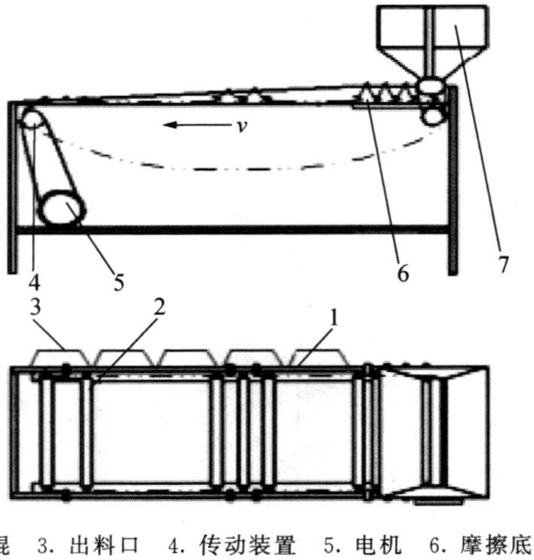

1. 机架　2. 分级辊　3. 出料口　4. 传动装置　5. 电机　6. 摩擦底板　7. 喂料装置

图 4-24　核桃分级机结构图

陕西省农业机械研究所研制了 3FJ-001 型核桃分级机，结构如图 4-25、图 4-26 所示。设备工作时，调节机架的螺旋升降装置，调节分级筛网至适宜角度，启动电机，待转速稳定后进行投料。核桃经喂料斗进入振动箱体，电机经带传动减速后将动力传递给曲轴，以曲柄摇杆机构作为振动源，使核桃干果在筛网上被抛起，连续跳动至全面铺开，同时向前做直线运动。当核桃的最小直径小于筛网间距时，核桃在重力作用下掉入下一级筛网，最终各级核桃运动至相应的出料口落料。

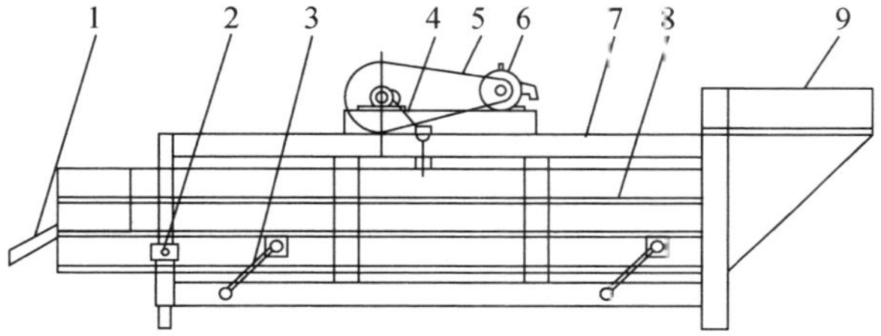

1. 出料斗　2. 螺旋升降装置　3. 连杆Ⅱ　4. 连杆Ⅰ　5. V带传动机构
6. 电机　7. 机架　8. 分级筛网　9. 喂料斗

图 4-25　3FJ-001 型核桃分级机结构图

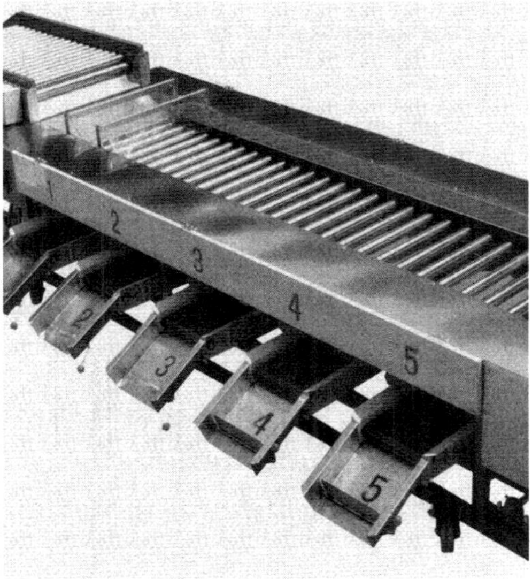

图 4-26　核桃分级机样机

参 考 文 献

[1]陈度,杜小强,王书茂,等. 振动式果品收获技术机理分析及研究进展[J]. 农业工程学报,2011,27(8):195-200.

[2]郑甲红,路平,毛俊超. 便捷式核桃采摘机的试验研究[J]. 农机化研究,2014(2):173-176.

[3]汤智辉,孟祥金,沈从举,等. 机械振动式林果采收机的设计与试验研究[J]. 农机化研究,2010,32(8):65-69.

[4]刘进宝. 基于树干振动机理的林果采摘机的设计与分析[D]. 乌鲁木齐:新疆农业大学,2014:16-17.

[5]王真真. 树冠振动式新疆果园核桃采收装置的研究[D]. 石河子:石河子大学,2016:26-27.

[6]牛硕雅. 液压式核桃采摘样机的设计与试验研究[D]. 西安:陕西科技大学,2016:47-48.

[7]王真真. 树冠振动式新疆果园核桃采收装置的研究[D]. 石河子:石河子大学,2016:5.

[8]王亚妮,卢军党,王维,等. 一种青核桃去皮机的设计与试验研究[J]. 包装与食品机械,2014,32(1):32-34.

[9]杨忠强,崔宽波,闫圣坤,等. 离心筛网式青核桃脱皮机的设计与实验[J]. 食品工业科技,2018,39(8):195-198,214.

[10]帕合尔鼎,杨莉玲,杨忠强,等. 6TXH-600 型青核桃脱皮清洗机的研制[J]. 新疆农机化,2010(5):11-12.

[11]崔宽波,李忠新,杨莉玲,等. 连续式核桃清洗机的设计与试验[J]. 农产品加工,2013(8):126-128.

[12]段乐乐,陈军刚. 青核桃脱皮清洗机研制成功[J]. 农机科技推广,2015(12):49.

[13]冯宏波,史毅伟. 5QHT-500 型青核桃脱皮清洗机的研制[J]. 农业机械,2012(7):67-68

[14]刘西宁,程明. 6TXH-3600 型青核桃脱皮清洗机的研制[J]. 新

疆机械化,2012(1):23-24.
[15]田翔,李忠新,杨莉玲,等. 两种核桃干燥设备作业性能对比[J]. 农业工程,2014,4(4):76-78,81.
[16]田翔,李忠新,杨莉玲,等. 两种核桃干燥设备作业性能对比[J]. 农业工程,2014,4(4):76-78,81.
[17]张洪洲,刘媛杰,王宪磊,等. 核桃烘干装置设计与优化控制[J]. 农机化研究,2018(5):248-252.
[18]王维,王亚妮,王佩贺,等. 5X-150 型核桃分选机的研制[J]. 农业技术与装备,2018(1):75-78.
[19]刘佳,沈晓贺,崔宽波,等. 核桃物料空气动力学特性与风选分离装置试验[J]. 甘肃农业大学学报,2021,56(1):168-174.
[20]侯瑞丽. 核桃分级机的设计与试验[J]. 新疆农机化,2021(2):24-25.
[21]何鑫. 6FG-900 型核桃分级机的原理与试验[D]. 乌鲁木齐:新疆农业大学,2010.
[22]王维,贺功民,王亚妮. 3FJ-001 型核桃分级机的设计与试验[J]. 农机化研究,2014(5):155-157.
[23]郗荣庭,中国果树科学与实践——核桃[M]. 西安:陕西科学技术出版社,2015.
[24]张兵,宋卫. 阿克苏核桃优质丰产高效栽培技术[M]. 北京:中国林业出版社,2013.

附录一

《核桃坚果质量等级》标准

2020年新疆维吾尔自治区地方标准发布的《核桃坚果质量等级》标准中，以坚果外观、单果平均重量、取仁难易、种仁颜色、饱满程度、核壳厚度、出仁率及风味8项指标，将坚果品质分为4个等级。

新疆核桃果品质量分级标准

1 范围

本标准规定了新疆核桃果品的术语和定义、产品分级、质量要求、检验方法、检验规则和标志、包装、贮藏、运输要求。

本标准适用于新疆核桃果品的分级。

2 规范性引用文件

下列文件对于本文件的应用是必不可少的。凡是注日期的引用文件，仅所注日期的版本适用于本文件。

GB 5009.3　食品安全国家标准食品中水分的测定

GB 7718　食品安全国家标准预包装食品标签通则

GB 19300　食品安全国家标准坚果与籽类食品

GB/T 6543　运输包装用单瓦楞纸箱和双瓦楞纸箱

GB/T 8946　塑料编织袋通用技术要求

GB/T 20398　核桃坚果质量等级

JJF 1070　定量包装商品净含量计量检验规则

LY/T 3004.8　核桃坚果质量及检测

3　术语和定义

3.1　单果重 Fruit weight

1 000 g 核桃坚果的平均果重，以 g 计。

3.2　横径 Transverse diameter

核桃坚果中部缝合线之间的距离。

3.3　畸形果 Mal formed fruit

核桃坚果形状与本品种核桃特有形状发生变异的核桃。

3.4　整齐度 Uniformity

同一批核桃坚果大小、单果重、形状的差异程度。

3.5　出仁率 Kernel percentage

核桃仁重占核桃坚果重的百分数。

3.6　空壳果率 No-kernel nut rate

无仁或核仁干瘪部位大于等于 50%体积的核桃坚果数占检测果数的百分数。

3.7　破损果率 Damaged nut rate

外壳破裂的核桃坚果数占检测果的百分数。

3.8　黑斑果率 Dirty nut rate

核桃坚果果壳上黑斑果占检测果的百分数。

3.9　霉变果 Moldy nut

核壳或核仁出现霉点或霉斑的坚果。

3.10　霉变果率 Moldy nut rate

霉变果数占检测坚果数的百分数。

3.11　含水率 Water content rate

核桃坚果的水分占坚果总重量的百分数。

4　产品分级

根据各品种的质量要求，确定质量等级分三类指标：分级指标分为特级、一级、二级 3 个等级，安全指标、净含量要求等不分等级。

5　质量要求

5.1　基本要求

坚果充分成熟，壳面洁净，缝合线紧密，未经有害化学漂白处理，无虫蛀、出油、霉变、异味，无杂质。

5.2　质量指标

核桃各品种的质量指标应符合分级指标、安全指标、净含量的规定。

5.2.1　分级指标

核桃分级指标应符合附表 1-1 规定。

附表 1-1 新疆核桃果品质量分级要求

<table>
<tr><th colspan="3">项目</th><th colspan="3">级别</th></tr>
<tr><th>类型</th><th>指标</th><th>品种</th><th>特级</th><th>一级</th><th>二级</th></tr>
<tr><td rowspan="4">感官指标</td><td>基本要求</td><td>温 185
新新 2 号
扎 343
新丰</td><td>坚果充分成熟，大小均匀，壳面洁净</td><td>无露仁、虫蛀、出油、霉变、异味、杂质等</td><td>未经有害化学漂白处理</td></tr>
<tr><td>果形</td><td>温 185
新新 2 号
扎 343
新丰</td><td>形状一致</td><td>形状基本一致</td><td>形状基本一致</td></tr>
<tr><td>核壳</td><td>温 185
新新 2 号
扎 343
新丰</td><td colspan="3">具有该品种正常颜色</td></tr>
<tr><td>核仁</td><td>温 185
新新 2 号
扎 343
新丰</td><td>饱满，皮色黄白或具该品种特有颜色、涩味淡</td><td>较饱满，皮色黄白或具该品种特有颜色、涩味淡</td><td>较饱满，皮色黄白、浅琥珀色或具该品种特有颜色、稍涩</td></tr>
<tr><td rowspan="12">理化指标</td><td rowspan="4">壳厚度/mm</td><td>温 185</td><td colspan="3">≤1.1</td></tr>
<tr><td>新新 2 号</td><td colspan="3">≤1.3</td></tr>
<tr><td>扎 343</td><td colspan="3">≤1.4</td></tr>
<tr><td>新丰</td><td colspan="3">≤1.5</td></tr>
<tr><td rowspan="4">单果重/g</td><td>温 185</td><td>≥14</td><td>≥12</td><td>≥10</td></tr>
<tr><td>新新 2 号</td><td>≥12</td><td>≥10</td><td>≥9</td></tr>
<tr><td>扎 343</td><td>≥15</td><td>≥14</td><td>≥12</td></tr>
<tr><td>新丰</td><td>≥14</td><td>≥13</td><td>≥11</td></tr>
<tr><td rowspan="4">横径/mm</td><td>温 185</td><td>≥34</td><td>≥30</td><td>≥28</td></tr>
<tr><td>新新 2 号</td><td>≥34</td><td>≥30</td><td>≥28</td></tr>
<tr><td>扎 343</td><td>≥36</td><td>≥34</td><td>≥31</td></tr>
<tr><td>新丰</td><td>≥34</td><td>≥32</td><td>≥30</td></tr>
</table>

5.2.2 安全指标

按 GB 19300 的规定执行。

5.2.3 净含量要求

应符合 JJF 1070 定量包装商品净含量计量检验规则的规定。

6 检验方法

6.1 感官指标

将核桃样品，铺放在洁净的平面上，观察核桃果壳的色泽。并砸开取仁，内褶壁不发达、能取整仁 或半仁的为取仁容易；内褶壁发达，能取 1/4 仁较难。观察记录种仁色泽及饱满程度。品尝鉴定种仁的 香味。

6.2 壳厚度

测量 20 个核桃样品壳中部的厚度，求出平均值，精度为 0.01 mm，约成 1 位小数。

6.3 单果重

在核桃样品中，按四分法取 1 000 g（±10g），用感量为 0.01 g 天平逐个称取重量，求出平均值。

6.4 横径

按 GB/T 20398 中 6.2.1 规定执行

6.5 整齐度

同一批核桃样品的整齐程度，即在核桃样品中，按四分法取 1 000g（±10 g），单个果径值在平均 果径值的±15%范围内的个数占总个数的百分比。

6.6 畸形果率

在核桃样品中，随机取样 1 000g（±10g），铺放在洁净的平面上，将畸形果挑出记其数量，计算其百分率。

6.7 出仁率

按 GB/T 20398 中 6.2.4 的规定执行。

6.8 空壳果率

按 GB/T 20398 中 6.2.6 的规定执行。

6.9 破损果率

按 GB/T 20398 中 6.2.6 的规定执行。

6.10 黑斑果率

按 GB/T 20398 中 6.2.7 的规定执行。

6.11 霉变果率

按 LY/T 3004.8 中 4.3.10 规定执行。

6.12 含水率

按 GB 5009.3 中直接干燥法执行。

6.13 净含量

按《JJF 1070—2016 定量包装商品净含量计量检验规则》执行。

7 检验规则

7.1 组批

同品种、同等级、同批收购、调运、销售的核桃，称为一批产品。

7.2 抽样

按 GB/T 20398 中 7.2 规定执行。

7.3 判定

检验结果全部项目符合本要求规定时，判该批产品为合格品。检验项目有一项不合格时，应加倍抽样进行复检，复检结果仍不合格时，则判定该产品不符合相应等级。

8 标志、包装、贮藏、运输

8.1 标志

标签应符合GB7718规定。用于销售的核桃，其产品或包装上应标注区域品牌标志。

8.2 包装

包装材料应符合GB/T8946，GB/T 6543和有关规定的要求。

8.3 贮藏

核桃产品贮藏的仓库应干燥通风，地面应铺设垫板，防止底部受潮，注意倒垛。核桃入库后要在库房中加强防霉、防虫蛀、防出油、防鼠等措施。室温超过15℃时，宜0℃～5℃冷藏。

8.4 运输

运输工具应清洁、干燥、无异味、有篷盖。运输中应轻装、轻卸、防雨、防晒、防火，不得与有害物质混装。

附录二

果园管理机械装备与应用

一、开沟施肥机械

早期，我国研制的开沟机多用于水利管沟和电缆铺设工程及种植山药等农作物。近年来，各地均有厂家研制专门的果园用开沟施肥机（附图 2-1），国内开沟施肥机的生产厂家较多，在河北、山东、江苏、北京、上海等地都有生产。主要以链刀式和盘刀式开沟机为主。如山东聊城高唐新航机械有限公司 50 型轮式开沟机和 1k-30 型链式开沟机。一般以拖拉机为动力进行牵引作业，开沟深度 20～200 cm 可调，开沟宽度 10～50 cm，作业速度 50～700 m/h，根据不同开沟要求，需要配套不同功率拖拉机。北京时代沃林生产的林果王 8500 履带型果园开沟施肥机，能靠近树干 1 m 处开沟，开沟宽 30 cm、深 40 cm，可实现无人驾驶遥控作业，作业速度 300～500 m/h，小巧灵活。

附图 2-1　开沟施肥机

二、中耕除草机械

（一）果园旋耕机

果园旋耕机具有恢复土壤耕层结构、增加毛细根层土壤的通透性、提高土壤蓄水保墒能力、消灭行间杂草、减少病虫害、减少果园劳动用工，达到降本提质增效的目的。

旋耕机（附图 2-2）按其旋耕刀轴的配置方式分为横轴式、立轴式和斜置式。

旋耕机旋耕深度由旋耕机刀片的长度所决定，一般情况下旋耕深度 10～15 cm。

（二）果园割草机械

国外的割草机有多种机型，多用自走式割草机和割灌机。我国割草机起步较晚，目前国内生产的割草机（附图 2-3）主要有：新验公盘全齿式旋转割草机，镇江市农业机械技术站研制的 9GS-0.6 型割草机，海世达尔现代农机有限公司生产的 MDM1300 型圆盘割草机，上海向明公司自行研制的 9GX(Y)-1.6 型圆盘割草机，甘肃酒泉生产的 9GZX-2.5 型六圆盘牧草收割机，华盛中天公司生产的

附图 2-2　旋耕机

附图 2-3　割草机

XSS46、XSS46E 型草坪机，江苏沃的 WY28T，石家庄天同的 3GC，120 割草机等。

三、植保机械

我国的植保机械处于发达国家 20 世纪 80～90 年代的水平。常用机具有压缩式喷雾器、背负式喷雾机、喷杆喷雾机等（附图 2-4、附图 2-5），按照行走方式主要有拖挂式和车载式 2 种。果园植保年喷药 7～10 次，多者达 15 次，多数喷雾机存在滴漏现象，药液的有效利用效率不足 50%。传统的车载喷雾机喷枪“淋洗式”喷雾作业方式，淋漏的农药会伤害操作者、污染土地和地下水源。我国静电喷雾技术在农业植保上的应用研究始于 20 世纪 70 年代后期，相继试制了掌上型静电喷雾器、手持电场击碎式静电喷雾器、高射程静电喷雾车和风动转笼式静电喷雾机，并在多种目标物上进行了喷雾性能和病虫害防治效果的测定。

附图 2-4 喷雾机 1

附图 2-5 喷雾机 2

四、电动修剪工具

国外对树木整枝修剪机具的研究起步较早，机型也比较齐全。

在机动型高枝修剪机械方面，主要有日本的爱丽斯（ARS）、小松，德国的斯蒂尔和瑞典的胡斯华纳等公司生产的高枝锯。它们都是以汽油机作为液压传动的动力带动液压泵和装在锯头部的小型液压电动机及链条锯工作，锯径可达 20 cm，振动小、切口平滑，效果好，修剪效率高，修剪高度可达 5 m，但造价较高，维修、保养以及对操作人员的素质要求也都较高。

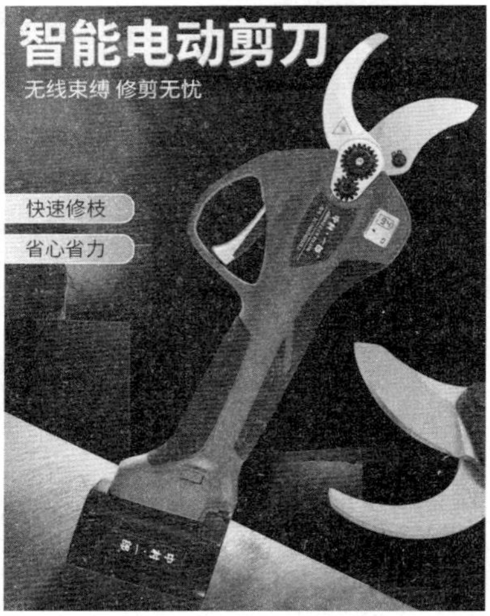

附图 2-6　电动修枝剪

由于人工修剪受到修剪高度等的限制，随着科学技术的发展，一些国家开始研究将自动化技术应用于高空剪枝（附图 2-6），且已取得了一定的成果。日本 SEIREI 公司生产的自动立木整枝机，采用密码潜入数字式抗干扰无线遥控技术，具有反力装置的锯链式锯切机构和低压轮胎爬树机构等。通过遥控器控制其爬上树干进行修剪工作；但此机型具有一定的局限性，对树干通直度有较高的要求。还有的采用自动升降台（附图 2-7）进行高枝修剪，如意大利的萨斯马升降台是在四轮车架上安装 4 个升降台，每个升降台有独立的液压系统单独控制其工作位置，水平方向最大伸出长度可达到 7.5 m，最大起升高度是 6 m。瑞典的阿弗龙升降台是装在三轮车上，工作台的升降由液压系统控制。此外，工作台升降还有用钢索绞盘机控制的，其最大起升高度可达 10 m。

附图 2-7 电动修剪升降台

五、碎枝机

碎枝机（附图 2-8 至附图 2-10）能够进入果园等地方进行粉碎作业，将直径 1～10 cm 的树枝粉碎成颗粒，直接就地还田于民，或者收集起来制作有机肥料，更方便清运。将废旧树枝减容，节省物力财力人力，可以说是一举两得，对环境也具有较好的保护效果。被粉碎之后的碎屑，可以收集起来，运输到指定的地点，制成

附图 2-8 碎枝机 1

附图 2-9 碎枝机 2

有机肥、生物质颗粒，不仅从源头解决烧树枝的问题，还达到了废物利用的环保效果。

附图 2-10　碎枝机 3